区域复合生态系统安全预警机制研究

张 强 著

科 学 出 版 社

北 京

内 容 简 介

本书基于物理–事理–人理（WSR）方法论，提出区域复合生态系统安全预警机制的研究体系框架。运用脆性理论、可拓决策、系统动力学、演化博弈论等理论模型和方法，对区域复合生态系统安全的本质、作用机理、预警管理和保障机制等问题进行系统研究。结合实例研究，探索在不同区域生态系统安全预警的具体应用，并指出未来区域生态安全预警研究需要关注的热点和方向。

本书可作为资源环境管理、生态学、系统工程、区域经济等专业研究生的参考书，也可供生态环境保护、可持续发展等领域实践工作者参考。

图书在版编目（CIP）数据

区域复合生态系统安全预警机制研究／张强著 . —北京：科学出版社，2017.3

ISBN 978-7-03-050722-8

Ⅰ. ①区… Ⅱ. ①张… Ⅲ. 区域环境–环境系统–生态系统–安全管理–研究 Ⅳ. ①X171.1

中国版本图书馆 CIP 数据核字（2016）第 279182 号

责任编辑：王 倩／责任校对：张凤琴
责任印制：张 伟／封面设计：无极书装

科学出版社出版

北京东黄城根北街 16 号
邮政编码：100717
http://www.sciencep.com

北京东华虎彩印刷有限公司 印刷
科学出版社发行 各地新华书店经销

*

2017 年 3 月第 一 版 开本：B5（720×1000）
2018 年 1 月第二次印刷 印张：13 1/2
字数：300 000

定价：88.00 元
（如有印装质量问题，我社负责调换）

序

自然资源、生态环境是支撑人类文明进步的根基和载体，然而翻开人类的几千年文明史，发现的却是有限的自然资源、珍贵的生态环境未能引起人类足够的重视。经济的发展、科技的进步、社会的革新更是膨胀了人们支配自然资源、改造生态环境的野心，最终导致现阶段出现了自然资源短缺、生态环境恶化等问题，人类社会发展与自然资源、生态环境之间的矛盾愈发突出，部分资源生态环境问题已经严重影响到人类的生存与发展。尤其是近年来，雾霾天气、气候变暖、水体污染、草原退化、生物多样性减少等一系列生态环境问题已经威胁到人们的健康，生态安全问题已经上升为关乎人类社会"继续生存还是自我毁灭"的问题，是一个比经济安全乃至国家安全更严峻的安全问题。

实现自然资源的有序开发利用，维护区域生态安全是一项复杂的系统工程。由于区域复合生态系统的高度复杂性，对其所牵涉的各类问题的分析及调控对策的研究难度也不断提高。这个过程涉及政治、经济、环境、生态、产业等各方面，也具有高度的复杂性，仅依靠单一学科或几种学科的知识难以全面、系统地辨识。解决这类问题，必须建立一套从综合集成到综合提升的完整理论体系，采用钱学森先生提出的系统工程技术与方法进行深入解析。据此，采用系统工程理论和方法对生态环境问题进行根源的追溯及现状的分析，利用安全预警机制的方法探索缓解或解决生态环境问题的有效途径，不仅具有较高的理论意义，也对解决现实问题具有重要指导作用。

该书正是以系统科学与系统工程理论为指导，较为全面地阐释了生态安全的内涵、外延及特征，并站在区域复合生态系统的高度上，对其运行机制进行了重点分析，进而完成对区域复合生态系统安全的系统认识。这其中既挖掘了问题的本质，也注重对构成自然生态系统复杂要素及其动态关系的理解，避免了传统研究视角下对生态问题研究片面化弊端的产生。对于区域复合生态系统安全机理的探析也是别具一格，选取脆弱性视角对影响系统稳定的多要素及其演变过程进行探讨，能给读者更加直观清晰的认知。在区域复合生态系统安全预警的研究中，从预警的基本理论，到预警体系设计再到可拓预警方法和系统动力学模型的建立，提供了一个系统的研究思路。而该书的亮点之一就是从思想、方法、模型等多角度对区域复合生态系统安全立法保障机制进行综合性研究，并提出具有针对性的对策建议。

从整体来看，该书不仅实现了系统认识当前生态安全问题本质的探讨，也给出了区域生态安全预警管理的方法，创新性地指出未来生态安全研究需要关注的重点方向。该书对推动区域生态安全从不满意状态向满意状态的实现迈出了重要一步，更是将系统工程应用到生态环境管理领域的一项重要突破性成果，具有较高的参考价值。

中国航天系统科学与工程研究院
（中国航天科技集团第 12 研究院）　教授

薛惠锋

前　言

随着人类活动对生态环境干扰作用的不断增强，区域性、单要素生态环境问题通过积累、叠加和扩散，逐渐发展成为全球性、复合型的生态环境安全问题，严重威胁人类社会。从人类社会生存与发展的角度看，生态环境安全问题已经上升为人类社会"继续生存还是自我毁灭"的问题，是一个比经济安全更严峻的安全问题。

从生态安全概念的提出到各个国家的具体研究实践已有二十多年，但是对于生态安全的研究，不同领域的研究者对生态安全的概念理解不同，生态安全的概念本身还没有形成一个共识。人们所生活的世界是一个"社会–经济–自然"复合生态系统，它是一个以自然环境为依托，人类活动为主导，资源流动为命脉，社会体制为经络的开放复杂巨系统。复合生态系统演替的动力来源于自然和社会两种作用力，两者耦合导致不同层次的复合系统特殊的运动规律，从而产生复合生态系统的安全性问题。复合生态系统是区域生态安全研究的载体和源泉。目前，基于复杂系统理论的区域复合生态系统安全问题研究处于起步阶段，还没有形成系统的理论研究体系，在作用机理分析、预警模型方法和安全保障机制等研究内容上有待完善。

本书以国家自然科学基金项目（编号：71263045）"西部国家重点生态功能区生态安全预警与仿真调控研究：以甘南重要黄河水源补给生态功能区为例"和教育部人文社科基金项目（编号：12YJCZH282）"西部国家重点生态功能区生态安全预警研究：以祁连山冰川与水源涵养生态功能区为例"为依托，基于WSR论的系统研究方法，运用脆性理论、元胞自动机、可拓决策、系统动力学、演化博弈论等理论模型和方法，对区域复合生态系统安全的本质、作用机理、预警管理和保障机制等问题进行系统研究。首先，以系统理论与方法为指导，构建区域复合生态系统安全理论体系框架，将区域复合生态系统安全研究分为基础理论研究和系统管理研究，其中系统管理研究按照物理–事理–人理（WSR）方法论分为作用机理分析、预警管理和保障机制三个研究部分，作为本书的研究体系框架；其次，基于脆性理论对区域复合生态系统安全作用机理进行分析，试图揭示区域生态安全的作用机理和机制；再次，对区域复合生态系统安全预警分析展开研究，包括预警概念、预警体系、预警指标、预警模型仿真调控模型和方法，并进行了实例研究，然后，对区域生态安全的立法保障机制进行了系统研究，提出区域复合生态系统安全系统动力学建模仿真方法和立法保障机制；最后，结合当前区域生态安全管理工作的实际需求和新技术的出现，作者提出区域生态安全预警未来研究需要关注的热点和方向。

本书是在本人博士研究工作的基础上，结合近年来科研成果编写完成的，本人指导的研究生张磊、杜志成、代建、陈向宏、王丹、冯悦等同学参与了本书的部分编写和校稿工作。在研究过程中，得到国家自然科学基金委员会、教育部人文社科基金委、西北师范大学科技处、西北师范大学计算机科学与工程学院等单位领导和老师的支持和帮助，在此表示感谢！本书的成稿离不开爱妻的鼓励和女儿的支持，感谢我的家人！本书仅仅是对区域生态安全系统研究的一个初步探索，由于作者水平有限，书中不足在所难免，敬请读者不吝赐教。

张　强

2016 年 10 月于甘肃兰州

目　　录

第1章　绪论 ……………………………………………………………… 1

1.1　生态安全问题 ……………………………………………………… 1

1.2　系统视角下的生态安全管理 ……………………………………… 3

1.3　开展区域复合生态系统安全预警机制研究的意义 ……………… 6

1.4　本书的研究缘起和思路 …………………………………………… 8

第2章　相关理论及其研究进展 ……………………………………… 12

2.1　不同视角的生态安全 ……………………………………………… 12

2.2　复杂系统与脆性理论 ……………………………………………… 16

2.3　生态安全评价和预警 ……………………………………………… 22

2.4　公共安全管理研究 ………………………………………………… 28

2.5　复合生态系统管理 ………………………………………………… 30

第3章　基于 WSR 方法论的区域复合生态系统安全分析 ………… 33

3.1　生态安全问题的系统认识 ………………………………………… 33

3.2　区域复合生态系统 ………………………………………………… 38

3.3　区域复合生态系统安全 …………………………………………… 47

3.4　区域复合生态系统安全研究的系统方法论 ……………………… 53

3.5　区域复合生态系统安全的 WSR 分析模型 ……………………… 59

3.6　本章小结 …………………………………………………………… 63

第4章　区域复合生态系统安全机理分析 …………………………… 64

4.1　区域复合生态系统的脆性模型 …………………………………… 64

4.2　脆性视角的区域复合生态系统安全认识 ………………………… 74

4.3　区域复合生态系统安全的脆性作用机理 ………………………… 79

4.4　本章小结 …………………………………………………………… 85

第5章　区域复合生态系统安全预警分析 …………………………… 86

5.1　区域复合生态系统安全预警基本理论和概念 …………………… 86

5.2　区域复合生态系统安全预警体系 ………………………………… 88

5.3　脆性视角的区域复合生态系统安全预警指标系统设计 ………… 95

5.4 区域复合生态系统安全的可拓预警模型 …………………… 100

第6章 区域复合生态系统安全预警分析实例研究 ……………… 108

6.1 陕西省生态安全预警分析 ………………………………… 108

6.2 丝绸之路经济带上区域生态安全评价——以祁连山冰川与水涵养
生态功能区中重点区县为例 ……………………………… 114

6.3 水资源安全计量分析研究——基于 VAR 模型 …………… 118

第7章 区域复合生态系统安全系统动力学仿真 ………………… 135

7.1 系统动力学简介 …………………………………………… 135

7.2 系统动力学建模仿真方法 ………………………………… 139

7.3 区域复合生态系统安全系统动力学仿真 ………………… 141

第8章 区域复合生态系统安全立法保障机制研究 ……………… 154

8.1 保障生态安全的我国环境资源立法的系统认识 ………… 155

8.2 保障生态安全的环境资源系统立法方法 ………………… 164

8.3 自然区保护立法中部门利益关系的演化博弈分析 ……… 174

8.4 保障生态安全的环境资源立法完善的对策与建议 ……… 181

8.5 本章小结 …………………………………………………… 188

第9章 区域生态安全预警研究展望 …………………………… 190

9.1 大数据思维下的生态安全预警研究 ……………………… 190

9.2 心理学视角的生态安全研究 ……………………………… 191

9.3 基于社会感知计算的生态安全预警研究 ………………… 192

9.4 重点区域生态安全预警管理应用研究 …………………… 195

参考文献 ………………………………………………………… 196

第1章 绪 论

1.1 生态安全问题

18 世纪 50 年代以来，现代工业文明虽然为人类社会发展创造了丰富的物质财富和舒适的生活环境。但是，随着人类干预大自然能力的增强，在创造了辉煌物质文明的同时，对地球生态系统造成了巨大的压力，全球生命支持系统的持续性受到严重威胁，原本健康的生态系统急剧退化，温室效应、气候变暖、北极冰层消融、臭氧层破坏、水资源匮乏、矿产资源枯竭、生物多样性减少、酸雨蔓延、森林锐减、土地荒漠化、大气污染、海洋污染、固体废弃物越境转移等一系列全球性的环境问题日益凸显，全球正面临着前所未有的环境危机和生态赤字。

生态环境恶化所引起的生态灾难和环境破坏，区域性、单要素生态环境问题通过积累、叠加和扩散，逐渐发展成为全球性、复合型的区域安全问题，直接威胁着人类自身的健康、安全和持续发展（张勇，2005）。联合国 2005 年发布的《千年生态环境评估报告》披露：过去 40 年中，人类对河流湖泊水资源的开采翻了一倍，1/4 的海洋鱼类遭受过度捕捞，90% 的大型海洋食肉动物消失，25% 的哺乳类动物、12% 的鸟类和 1/3 以上的两栖类动物濒临灭绝。20 世纪最后几十年，滥伐森林使热带雨林锐减，35% 的世界森林资源消失并导致干旱发生。人类的活动，特别是现代农业的扩展，给自然界带来了无法逆转的改变。报告认为，如果生态环境继续恶化，人类未来的生存发展将会面临巨大威胁，尤其危及人类健康与长远发展。实际上，早在 20 世纪中叶，轰动一时的"世界八大环境公害事件"，即比利时马斯河谷污染事件、美国多诺拉污染事件、英国伦敦的烟雾事件、美国洛杉矶光化学烟雾事件，以及日本的水俣病事件、哮喘病事件、骨痛病事件和米糠油事件，就已向全球敲响了危害千百万公众生命与健康的生存危机警钟。

科学研究表明，以气候变化为核心的全球生态环境恶化，正在广泛而深刻地影响着人类社会的方方面面，世界各国都面临着气候变暖、环境污染、水土流失、生物物种锐减、土地荒漠化、臭氧层耗损等生态环境问题。生态环境恶化对社会公共安全的破坏主要表现在三个方面：一是生态环境破坏加剧贫困，影响社会安定。在非洲乃至我国甘肃、宁夏、内蒙古一些沙化严重的地区，人们被迫远走他乡，成为生态灾民。二是给大众健康带来危机。国家环保总局和国家统计局联合发布的"中国绿色国民经济核算研究报告2004"显示，2004年，中国由于大气污染造成35.8万人死亡，约64万名呼吸和循环系统病人住院，约新发25.6万慢性支气管炎病人，造成的经济损失达1527.4亿元。另据2007年7月8日英国《金融时报》报道，世界银行与中国政府合作的中国污染报告草稿指出，中国每年约75万人因污染而"早亡"。三是导致自然灾害频发。在自然灾害中，除地震、火山活动之外，许多自然灾害都与人类破坏生态环境密切相关，特别是洪涝、干旱、泥石流、沙尘暴等频繁发生，可以说是生态环境恶化导致的结果。

随着生态环境破坏日益加剧和恶化，生态环境问题已经上升为生态安全问题。当前，世界各国对生态安全问题给予了高度关注，成为国际上共同关注的焦点问题。1977年，美国著名的环境专家Brown对生态环境安全进行解释，并将环境安全问题纳入国家安全和国际政治范畴。1987年，世界环境与发展委员会出版的《我们共同的未来》一书中，对生态环境安全问题进行了系统论述。联合国环境与发展委员会1992年通过的《21世纪议程》，阐明了生态安全概念已经扩展到经济、政治、社会性的安全。美国在1991年公布的《国家安全战略报告》中，提出环境安全是国家安全的重要保障，将环境安全列为国家安全的一个重要组成部分（Derian，1988）。美国国防部、能源部、环境保护署等其他组织和部门，相继完成《环境安全：通过环境保护加强国家安全》《环境变化和安全项目报告》等研究报告。德国外交部、环境部、经济合作部于2000年完成《环境和安全：通过合作预防危机》研究报告。加拿大、英国、比利时、日本等国家，北约、联合国等国际组织和私人基金也开展了环境安全研究（陈星和周成虎，2005）。2000年，中国政府在《全国生态环境保护纲要》中，明确地提出"维护国家生态环境安全"的发展战略和目标，指出生态环境安全是国家安全的重要基础，由国家环保总局2003年组织完成《国家环境安全战略研究报告》（解振华，2005）。2014年4月15日，在中央国家安全委员会第一次会议上，习近平主席把生态安全纳入总体国家安全体系。

从人类社会生存与发展的角度看，生态安全问题是人类社会"继续生存还是自我毁灭"的问题，是一个比经济安全乃至国家安全更严峻的安全问题（叶文虎和孔青春，2001）。生态破坏将使人们丧失大量适于生存的空间，并由此产生大量生态灾难而引发国家的动荡和不稳定。森林的锐减、全球变暖、海平面上升、臭氧层空洞、土地退化等关系到人类自身安全的生态问题一次次向人类敲响警钟。例如，古巴比伦文明诞生在沃野千里、林海茫茫的美索不达米亚平原的两河流域（幼发拉底河和底格里斯河）。由于森林过度砍伐，草地过度放牧，生态环境日益恶化，两河流域逐渐演变成现在的沙漠。到公元前 4 世纪末，古巴比伦文明也因此而衰落。森林密布、气候湿润的尼罗河流域孕育了古埃及文明，森林的消失又使尼罗河文明衰落下去，今天的埃及是世界上森林资源最少的国家之一，全国 96% 以上的土地为大沙漠所覆盖。古印度文明，早在公元前 3000 年就在印度河流域繁荣起来了，但随着森林砍伐、草原破坏、人口增加，印度河流域演变成塔尔大沙漠，形成人与环境的恶性循环。黄河流域是华夏文明的摇篮，上起殷商，下至北宋，长达 3000 年的历史，一直是政治、经济、文化的中心。随着历史上战争、垦荒对森林的破坏，唐以后西安不再为一国之都，黄河流域也因失去森林而痛失昔日光彩。与其他古代文明不同的是，华夏文明并没有因此而出现断层，而是在兼容并蓄之中继续存在，并一直发展至今，形成多民族、多文化的格局。历史明鉴，为实现社会、经济、环境的可持续发展，要从全球人类生存和发展的战略高度来关注生态安全。

生态安全问题，已经成为人类必须共同面对的、迫切需要解决的重大问题之一。它与社会安全、国防安全、经济安全等具有同等重要的战略地位，且生态安全是国防军事、政治和经济安全的基础和载体。在全球生态环境不断恶化的趋势下，维护生态安全是全球人类共同面临的重大课题，开展生态安全理论研究，探索现代生态安全管理的实践经验和科学方法，既是科学理论研究的基本要求，也是人类社会发展的现实需要。

1.2　系统视角下的生态安全管理

人与自然本是一种生命体的统一，一个不可须臾分离的有机整体。自然环境为人类提供了生存空间，是人类社会发展的基础；人类向自然索取资源，进行生产、加工活动，同时，由于人类活动对生态环境系统造成破坏，生态环境会对人类身体健康和社会经济发展起反作用。这就形成了社会-经济-自然环境之间相互作用的复合生态系统。

随着人类活动程度的加剧，这一复合系统日趋复杂。自然生态系统的破坏不仅对整个人类生存构成威胁，而且对国家的经济、社会生活形成挑战，对国家的安全稳定构成严重的威胁。一个民族得以长久生存并不断发展壮大，其主要推动力和重要标志应当是人口、资源与环境的协调发展，是人与自然的和谐。如果以土地和水资源为核心的国土资源极度短缺，那么生态系统就不能持续提供资源能源、清洁的空气和水等环境要素，人类的生存与发展就失去了载体和基础（刘助仁，2008）。

世界各国积极寻求解决问题的各种路径，从技术革新到调整经济发展模式，从完善国内环境管理制度到国际环境合作。在这漫长的探索过程中，人们逐渐认识到，在区域系统中，经济发展问题和环境问题是不可分割的，许多发展形式损害了它所立足的环境资源，环境恶化可以破坏经济发展。孤立地考虑问题只能是"头痛医头，脚痛医脚"，不可能找到标本兼治的解决方案（杨国华等，2006）。

生态系统管理（ecosystem management）是近年来国际上为了应对生态环境日益严重的系统性、结构性破坏，基于社会–经济–自然环境的生态复合系统，系统解决生态环境问题而探索的管理框架（马尔特比等，2003）。由于生态系统自身的复杂性，生态系统管理无论是作为理论还是实践仍处于发展中，其管理思想强调从单要素管理向多要素、全系统综合管理的转变，实质上就是要求强化对生态系统的结构与功能的保护，强调对生态保护的统一监督和综合管理。

生态安全概念有广义和狭义两种含义，前者以1989年国际应用系统分析研究所（IASA）提出的定义为代表，即生态安全是指在人的生活、健康、安乐、基本权利、生活保障来源、必要资源、社会秩序和人类适应环境变化的能力等方面不受威胁的状态，包括自然生态安全、经济生态安全和社会生态安全，组成一个复合生态安全系统。狭义的生态安全是指自然和半自然系统的安全，即生态系统完整性和健康的整体水平反映。功能不完全或不正常的生态系统，即不健康的生态系统，其安全状况则处于受威胁之中。通常认为，生态安全是指人类赖以生存和发展的环境不受或少受生态破坏与环境退化等影响的保障程度，包括饮用水与食品状况、空气质量与土地退化等基本因素。

从系统科学的视角看，当前对生态安全问题研究还存在以下问题。

1. 没有形成系统的区域复合生态安全研究方法

虽然生态安全概念的提出已有多年，但其概念定义本身目前还未形成共识，缺乏对生态安全的系统认识和分析，没有形成从认识问题、分析问题到解决问题的系统研究框架，现有研究呈现零散、不系统状态。其主要原因除了研究对象本身的复杂性，研究内容的不够深入和全面。目前的生态安全相关研究主要基于环境学、生态学视角，关注自然资源和生态环境的安全问题，而对于区域复合系统研究则主要是从协调发展的角度进行研究，对于复合生态系统管理中的系统安全问题还没有得到系统研究。因此，区域生态安全的理论研究仍然是任重道远，应在综合现有各个视角定义研究的基础上，在复杂系统理论、安全管理理论、可持续发展理念的框架下，科学界定生态安全的概念和内涵，明确生态安全研究的主要内容，建立系统科学的基础理论和研究方法，为深入研究生态系统安全问题奠定理论基础。

2. 缺乏对区域复合生态系统安全的系统认识和机理分析

对于区域复合生态系统安全的研究，首先需要认识和分析复合生态系统安全是什么，生态安全问题是由什么引起的。从系统的角度来看，生态安全问题的产生不是在生态系统自身发展过程中出现的，不存在离开人类社会的生态安全，离开人类社会的生态安全也是没有任何意义的，生态安全应该是包括社会、经济、自然环境的复合生态系统的安全。复合生态系统是由人类社会、经济活动和自然条件共同组合而成的生态功能统一体。当前，对于生态安全的研究以现象描述和结果分析较多，而对于生态安全的本质和作用机理分析较少。因此，基于系统科学理论，在对区域复合生态系统的系统分析基础上，展开对区域复合生态系统安全的作用机理研究，成为认识区域复合生态系统的安全本质、开展安全管理、提出安全保障措施的基础和核心。

3. 现实需要不断完善区域复合生态系统安全预警机制

随着区域复合生态系统的安全性不断受到威胁，迫切需要建立一种区域生态安全健康评价预警指标及其预警模型。目前，复合生态系统安全研究主要集中在评价研究，即如何诊断区域复合系统的发展状态及其发展程度。但这种诊断主要是从正面对系统安全的静态特征进行评价，是正面的、静态的，反映的是系统某一时段（或某一时点）的情况。区域生态安全不仅是一个状态概念，更是一个动态概念。区域复合生态环境要素、区域的生态安全不是一成不变的，而是随着环境因子以及人类活动变化的，具有动态的特点。表现为使生态环境安全程度更高，或者由生态安全变为不安全等。解决上述问题应该引入预警思想，实现对复合生态系统安全的动态监测。因此，在进行生态安全评价的基础上，进行生态安全动态以及趋势预测成为生态安全研究的重要内容。如何建立兼备评价、预测的生态安全预测与预警评价指标体系和预警方法，是生态安全预警机制研究的关键。

4. 系统视角的生态安全法律保障体系研究缺位

加快生态安全的立法进程，以期用法律手段保护生态安全，是实现生态环境安全的客观要求与必要保障。在经济全球化背景下，站在国家和全球化战略高度来看待和解决生态安全问题，建立生态安全保护的国内法律体系和国家法律体系，才能真正做到生态安全，才能解决全球性生态安全问题。而从目前实际情况来看，生态安全立法还只是处于起步阶段，并没有一部有关生态安全的法律公布于世。对于生态安全管理制度，缺乏生态安全管理和环境立法的有机结合。尤其是对生态安全从系统认识到预警分析再到生态环境立法保障，缺乏系统科学的研究。

因此，基于复杂系统理论和安全预警管理理论，提出区域复合生态系统安全预警机制的研究命题，对复合生态系统安全的内涵、作用机理、预警机制、安全保障等问题进行系统研究，探索现代生态系统安全管理的模式和方法，既是生态安全理论研究的要求，也是人类社会发展的现实需要。

1.3　开展区域复合生态系统安全预警机制研究的意义

1.3.1　理论意义

近年来，国内外不同领域的学者对生态安全进行广泛的研究，区域复合生态系统安全问题成为生态学、管理学、区域经济学、资源与环境科学共同关注的热点和交叉研究领域。但是，由于不同领域对于生态安全的研究视角不同，主要表现为从环境科学角度、生态学角度、安全科学角度、地缘政治学角度等四个不同角度理解生态安全，生态安全概念之间相互交叉重叠，而且含义模糊，至今还未有一个统一的定义。研究对象的准确定义是科学研究的基础，研究生态安全就必须将其主体赋予明确的定义，充分考虑各种生态安全问题产生的因素和作用机理。从人与生态环境系统的状态和作用机制来看，生态安全既包括相对安全状态，又包括相互作用的动态安全过程，因此，对于生态安全的理解，更应该从系统视角进行分析和再认识。

对于生态安全评价预警机制研究，目前主要采用联合国环境规划署（UNEP）和经济合作开发署（OECD）构建的"压力–状态–响应"（pressure- state- response）概念框架或者在此基础上的扩展框架，该框架主要反映区域可持续发展机理。基于该概念模型建立的安全评价是区域生态安全的过去或者现在的状态评价，评价结果主要反映了区域的总体效果，但是生态安全不应仅仅关注现时状态，而是要重视区域生态安全未来的发展状态和趋势；不应仅仅得出一个安全水平的总体结论，而应作出生态安全的影响要素分析。基于评价模型的预警机制研究，在安全演变趋势、生态安全机理以及实践指导方面存在一定的局限性，所以，基于区域生态安全作用机理分析，构建预测预警指标体系，对生态安全理论研究具有重要意义。

对于生态安全预警方法研究，虽然采用了一些预测预警的技术和方法，但是由于预警内容的片面性，有的以安全状态来预警，有的以安全风险来预警，有的以现状通过趋势外推来预警，预警对象和方法都不够全面。区域复合生态系统本身就是一个复杂的研究对象，其安全的影响因素错综复杂。因此，生态安全预警研究急需建立一套可以表征生态安全整体状况的预警体系和方法，定量化描述生态安全的状态和发展趋势，准确而及时地掌握区域生态安全的发展水平及其运行状态，及时发布预警信息，为积极采用的调控措施提供科学依据，达到预测、预警、调控的目的。

因此，无论从概念定义到机理分析还是预警机制，对区域复合生态系统安全机理和预警进行系统研究，都可以为实施区域经济可持续发展战略提供技术支持，架起区域可持续发展理论与实践的桥梁，为政府机构和有关行政管理部门制定调节经济、环保等政策提供超前导向信息及决策支持，对于建立区域生态安全系统研究体系框架和理论基础具有重要意义。

1.3.2　现实意义

近几十年来，现代工业文明的迅速发展为人类带来了前所未有的物质和精神财富，加速推进了社会和人类发展的进程。与此同时，人口剧增、自然资源短缺、环境污染、生态破坏等问题日益彰显，埋下了大量的生态和环境隐患，对我国现在和未来的发展构成威胁。这迫使人们重新审视自己在生态系统中的位置，认识到通过高消耗追求经济增长和"先污染后治理"的传统发展模式已不再适应"社会–经济–自然"协调和可持续发展的要求。生态环境保护已成为国际、国内广泛关注的重要问题，生态环境问题已逐步成为生态安全问题。在当前形势下，研究生态安全具有以下现实意义。

1. 生态安全是国家安全的根本

国家安全，是指国家主权、领土完整和安全、国家团结统一、国家政权基本制度以及国家其他根本利益安全的总和。维护国家安全，是确保国家的主权和领土完整和安全、国家团结统一、国家政权基本制度以及国家其他根本利益的安全，规避显在和潜在的各种风险和胁迫。一般认为，国家安全包括政治安全、经济安全、军事安全和生态安全，其中生态安全是国家安全的根本和基础，是其他安全实现的基本保障，是一个国家存在、发展和进步的基础。生态环境日益破坏，将对经济社会生产能力产生影响，对人民身体健康和生活造成威胁，这种威胁比政治动荡、经济危机、军事打击所带来的损失更加惨重。一个自然环境日益恶化、自然资源无法保障的国家，很难保障政治安全、经济安全和军事安全。因此，生态安全是国家安全最基本的保障和要求。

2. 生态安全关系到民众的切身利益

生态安全有利于保障民众的身体健康，提高生活质量和延长人均寿命，使人们在良好的环境中生产生活。目前，生态环境的形势令人担忧，一些地方水、空气、土壤污染仍相当严重，生态恶化的趋势尚未得到好转，一些地方群众喝不上干净的水，呼吸不到新鲜空气，尤其北方的某些地区基本上是"有河皆枯、有水皆污"，给社会发展和民众生活带来严重危害。雾霾已经成为当前城市生态安全的最大威胁，严重影响到人们的身体健康和生产生活。因此，维护生态安全是保障民众切身利益的必然要求。

3. 生态安全是人类社会可持续发展的基本要求

环境与资源是可持续发展的物质基础，可持续发展是生态环境保护的重要保证。如果没有基本的生态安全，可持续发展就无从谈起。维护生态安全是人们的一种基本需要，同时也是对重大环境问题的强制性限制。确保生态安全，就要使生态环境能够有利于经济社会发展，有利于人民健康状况改善和生活质量的提高，规避因自然资源衰竭、资源生产率下降、环境污染和退化对社会生活和生产造成的环境威胁和生态灾害，以实现经济社会的可持续发展。因此，生态安全是可持续发展的前提和基础，可持续发展是实现生态安全的发展目标。

4. 生态安全预警管理模式亟须创新

生态环境安全预警管理是指能够对生态环境危险状态进行早期警报和早期控制的一种管理活动，是将生态环境危险性视为一个相对独立的发展过程，植入现有管理理论模型中进行统一分析，来揭示逆境现象的客观活动规律及逆境同顺境的矛盾转化关系，既是抑制当前全球生态环境恶化的客观需要，也是实施新的生态环境管理模式的时代要求，复合生态安全预警机制的建立是改变传统"头痛医头、脚痛医脚"管理模式的主要出路。

1.4 本书的研究缘起和思路

从生态安全概念的提出到各个国家的具体研究实践已有二十多年，但是对于生态安全的研究，不同研究领域的研究者对生态安全的概念理解不同，生态安全的概念本身还没有形成一个共识。人们所生活的世界是一个"社会-经济-自然"复合的生态系统，是以自然环境为依托，人类活动为主导，资源流动为命脉，社会体制为经络的人工生态系统。复合生态系统演化的动力来源于自然和社会两种作用力，两者耦合导致不同层次的复合生态系统特殊的运动规律，从而产生复合生态系统的安全性问题。因此，复合生态系统是区域生态安全研究的主体。目前，基于复杂系统理论的区域复合生态系统安全问题研究处于起步阶段，还没有形成系统的理论研究框架，在作用机理分析、预警模型方法和安全保障机制等研究内容上存在不足。

1. 生态、环境科学视角研究较多，区域复合生态系统视角研究较少

对于生态安全的研究也主要基于生态管理、环境管理的视角，其研究主要集中在生态环境安全评价、单要素安全分析方面，并且现有的研究内容和研究结果相对较为分散，没有形成一个系统。生态安全系统是一个开放的复杂巨系统，对于生态安全问题的研究，应将生态安全置于"社会–经济–自然"环境复合系统中进行系统研究。当前，从系统工程和安全预警管理的角度对区域复合生态系统安全问题研究不够深入，还没有形成一个系统的理论框架和研究方法。

2. 安全现象研究较多，安全机理分析较少

对于生态安全的研究首先需要认识和分析生态安全是什么，生态安全问题是由什么引起的。从系统的角度来看，生态安全问题不是生态系统自身的问题，不存在离开人类社会的生态安全，离开人类社会的生态安全也是没有任何意义的，生态安全应该是包括社会、经济、自然环境的复合生态系统的安全。复合生态系统是由人类社会、经济活动和自然条件共同组合而成的生态功能统一体。在"社会–经济–自然"复合生态系统中，人类是主体，环境部分包括人的栖息与劳作环境、区域生态环境及社会文化环境，它们与人类的生存和发展息息相关，具有生产、生活、供给、接纳、控制和缓冲功能，构成错综复杂的生态关系。作为一个系统，安全问题是整个系统的关键，复合生态系统是一个动态、开放的复杂巨系统，对于系统的安全是由复合系统中各个子系统的安全状态以及各个子系统之间的相互作用决定的。当前生态安全的研究已进入到深层次的内在关系研究，不仅考虑外部的压力，而且注意到系统自身社会与生态上的脆弱性，强调环境压力与安全的关系是"共振"，而不是因果关系。因此，人与环境可持续发展关系并不完全等同于生态安全的机理（王耕，2007）。目前，对生态安全现象研究和可持续发展研究较多，而真正的生态安全演变机理研究较少。

3. 安全评价较多，安全预警较少

如何描述区域复合生态系统安全的状态、程度和演化趋势，是一个至关重要又不能回避的问题，本质上是生态安全的定量分析问题。目前生态安全的定量研

究主要集中在安全评价方面，在评价指标体系上学者大多采用"压力-状态-响应"（P-S-R）概念框架，建立一套能度量安全状态的指标体系，采用合适的评价方法，并通过这些指标体系来表征生态安全的状态。目前看来，这一步仅仅是对区域生态复合系统安全状态的初步"诊断"（评价）阶段，这种评价主要是从正面对其状态进行分析，是正面的、静态的，反映的是复合系统某一时段（或某一点）的情况。P-S-R 框架是从"原因-效应-响应"这一逻辑思维来反映人类活动已经带来的或正在带来的生态安全影响问题，属于生态安全现象研究。实际上，生态安全是一个动态变化的过程，仅仅从正面角度进行分析并不能反映生态安全的本质，无法客观反映生态安全的动态性。因此，对于区域复合生态系统安全的定量描述，应该在安全作用机理分析的基础上，构架基于系统的生态安全预警指标体系。

安全管理的主要手段和方法是预警。所谓预警是对发展进程偏离期望状态的警告，既是一种分析方法，又是一个对发展过程进行监测预警的系统，不是一般情况的预测，而是特殊情况的预测，不是一般的预报，而是含有参与性的预报，不是从正面的分析，而是从反面的分析。但是，生态安全作为一个典型的非线性复杂系统，对于建立生态安全预警机制具有一定的特殊性和复杂性，尤其是如何建立既能反映生态安全状态又能反映生态安全趋势的预警模型，成为生态安全预警研究的重点和难点。同时，如何建立生态安全系统的动态仿真模型，提出安全预警的控制手段和措施，构建有效的生态安全预警机制，都是生态安全预警研究目前尚待解决的关键问题。

4. 安全保障政策建议较多，建立安全保障机制的科学决策方法研究较少

人类共同面临的环境污染和资源破坏，已经成为威胁人类生存与发展的基本问题。世界各国积极寻求解决问题的各种路径，从技术革新到调整经济发展模式，从完善国内环境管理制度到国际环境合作。在这漫长的探索过程中，人们逐渐认识到，最为积极有效的手段是将各种措施规范化，以法律形式制度化，即立法。法律是维护生态安全的重要保障。法学是正义之学，维护和追求正义是法学的基本理念、基本价值取向。正如正义是法学的基本理念一样，维护和追求环境正义也是环境资源法学的基本理念。大量中国环境资源法律、法规、规章、条例都产生在 20 世纪八九十年代，已明显不适应经济社会发展特别是社会主义市场经济的需要；有些法律规定相互不尽一致、不够衔接；有些法律规定操作性不强，难以用国家强制力保证实施。目前，从系统角度分析和研究生态环境安全立法的较少。

　　本书按照 WSR 系统方法论的思路，对区域复合生态系统的物理（安全作用机理）、事理（安全预警管理）、人理（安全保障机制）进行研究。针对当前生态环境恶化对人类社会不断造成威胁的现实问题，在分析国内外相关研究进展的基础上，提出区域复合生态系统安全的研究命题。首先，以系统理论与方法为指导，构建区域复合生态系统安全理论体系框架，将区域复合生态系统安全研究分为基础理论研究和系统管理研究，其中系统管理研究按照 WSR 方法论分为作用机理分析、预警管理和保障机制三个研究部分，作为本书的研究体系框架；接着基于脆性视角对区域复合生态系统安全作用机理进行分析；然后对区域复合生态系统安全预警机制展开研究，包括预警概念、预警体系、仿真和预警模型方法等，并进行实例分析；对区域复合生态系统安全保障机制中的立法问题进行深入研究，提出相应的对策建议；最后，对生态安全预警未来研究方向进行展望。

第 2 章 相关理论及其研究进展

2.1 不同视角的生态安全

生态安全是一门自然科学与社会科学的交叉学科，作为一种全新的生态环境管理目标，在"安全"含义上都认为"安全"就是"没有危险，不受威胁"。但是，由于生态安全内涵的丰富性和复杂性，不同研究视角对生态安全的解释存在较大区别，给"生态安全"赋予丰富的内涵和解释：强调国家安全和社会公共安全的生态安全理解；强调生态环境含义的生态安全理解；强调环境安全的生态安全理解；强调生态系统稳定的生态安全理解。目前，对生态安全的概念和内涵理解还没有形成一个共识（王耕，2007），主要有以下不同研究视角。

2.1.1 安全科学视角的生态安全

该研究基于传统安全管理视角，将生态安全问题引入军事安全、国家安全、地区安全等传统的安全领域，将生态安全作为重要的公共安全之一进行研究。研究生态环境问题及其恶化对人类安全的影响，其核心观念是生态环境问题对传统安全构成了一种新的安全威胁，主要研究领域包括环境问题与地区冲突、环境退化与生态环境难民、边界纠纷与生态环境问题、军事领域的环境问题、环境国防问题、军事手段用于解决环境安全问题、生态环境恐怖主义、环境问题融入国家安全战略、国家环境安全、全球环境安全等（张勇，2005）。

Homer-Dixon（1999）对生态退化、环境资源缺乏与暴力冲突的关系进行研究；Lowi 和 Shaw（2000）讨论生态环境与安全的关系；Dupont（1998）对亚太地区环境安全进行研究；Porfiriev（1992）、Allenby（2000）、Porter（1995）等认为生态问题是一种新的国家安全威胁；Westing（1991）认为生态问题与其他传统安全因素耦合引发地区冲突和难民问题；Conca（1998）认为人类是造成生态威胁的主要责任者，生态安全是维持人类、社会、政权和全球共同体的一个必要条件，是国家安全和公共安全的一部分；国外部分学者认为中国生态环境问题一旦诱发，必将超出国界，成为全球性的生态安全问题。

在国内，曲格平（2002）认为生态安全包括两层基本含义：一是由于生态环境的退化对经济基础构成威胁，主要指环境质量恶化和自然资源的减少削弱了经济可持续发展的支撑能力；二是由于环境破坏和自然资源短缺引发人民群众的不满，从而导致国家的动荡不安，认为环境退化及其可能引起的暴力冲突，将生态安全视为非传统的重大安全威胁之一。杜玉华和文军（2000）、宫学栋（1999）、程漱兰和陈焱（1999）等学者认为环境安全就是国家的环境的安全，环境问题的研究是国家安全领域研究的重要内容；蔡守秋（2001）认为环境安全包括劳动环境、生活环境和生态环境的安全以及环境问题在传统的国家安全和军事活动领域的反映，将环境安全分为生产技术性的环境安全和社会政治性的环境安全。李辉和魏德洲（2003）认为，生态安全在概念上是与"威胁"和"危险"联系在一起的，它既是一种主观感觉，又是一种客观存在，是客观上不存在威胁，主观上不感到恐惧的具体表现。王根绪等（2003）认为，生态安全与生态风险互为反函数，与生态健康互为正比关系。从生态系统来分析，虽然生态安全概念可以用生态风险和生态健康两个角度来定义，但是生态健康与生态安全有本质的区别。

将生态安全纳入传统安全领域，通过分析生态安全对传统安全的威胁，研究生态安全并不能揭示生态安全的本质，即未打开生态安全的黑匣子，基于生态风险角度定义生态安全是不全面的。因此，基于传统安全科学视角研究生态安全具有一定的局限性。

2.1.2 环境科学视角的生态安全

该研究视角是在环境科学领域内引入安全的概念，重新审视、思考和研究那些严重威胁人类社会生存发展、严重危及人类赖以生存的自然环境系统的安全问题，以区别于其他一般的环境问题（张勇和叶文虎，2006）。环境科学研究的重点在于自然环境，尤其是环境污染对于人类社会的威胁，研究的主体是自然环境（王耕，2007）。

最早将环境变化含义明确引入安全概念的学者是 Lester R. Brown。自 Lester R. Brown 提出环境安全概念后，国际上对环境安全概念和地位（Ney，1999）、环境安全与生态安全关系、全球环境安全（Swart，1996）、国家环境安全、环境安全理念等问题进行研究。在国内，张勇对环境安全基本概念和基本理论进行分析（张勇，2005）；刘钟龄等（2002）对黑河下游绿洲资源环境安全进行针对性研究。在"生态"含义上理解为环境或生态环境时，生态安全与环境安全、生态环境安全等概念极为相似，有时通用甚至混淆（王耕，2007）。也有学者认为"环境安全"与"生态安全"是一致的（Ezeonu I C and Ezeonu E C，

2000；Mcnelis and Schweitzer，2001）。而有的学者则认为环境安全是环境资源的安全（张雷，2002；王礼茂，2002）。

因此，基于"环境"视角的生态安全，主要是关于大气、海洋、河流和土地为主体的环境安全。环境安全问题与一般的环境破坏不同，不是所有的环境问题都会成为安全问题，只有环境破坏威胁到人类安全时，才纳入生态安全的范畴（王耕，2007）。基于"环境"的生态安全理解更多的是考虑自然环境本身，而人类社会对生态安全的反映并未考虑在内，因此没有涵盖生态安全的全部。

2.1.3　生态学视角的生态安全

生态安全有广义和狭义之分，狭义的生态安全研究主要关注非人类的生物和生态系统的安全问题，而广义生态安全在狭义的基础上把人类社会安全考虑在内。广义生态安全与环境安全研究有一定的交叉重叠，在概念界定上也有一些不同见解，有的学者还把环境安全称为"绿色安全"或"生态安全"，生态安全本身及其与环境安全的关系，都有待进一步探讨（邹长新，2003）。基于生态学视角的生态安全是指自然和半自然生态系统的安全，即生态系统完整性和健康的整体水平反映。

肖笃宁等（2002）指出，生态系统健康诊断是生态安全研究的基本内容。健康的生态系统功能正常，在时间上能够维持它的组织结构和自治，以及保持对胁迫的恢复力；反之功能不完全或不正常的生态系统，即不健康的生态系统，其安全状况则处于受威胁之中。马克明等（2001）研究生态系统健康评价；於琍等（2005）研究全球气候变化与生态系统的脆弱性；以肖笃宁为代表的狭义生态安全含义反映了生态系统完整性和健康的整体水平（肖笃宁等，2002；孔红梅等，2002）。

金鉴明（2002）认为，生物安全与转基因植物安全也是生态安全的一个重要方面，生物安全是生态安全的主流。汤泽生和苏智先（2002）认为生态安全问题，是指在一个特定的时空范围内，由于自然和人类活动改造生物性状而使之成为新类型、新物种和外来物种迁入，并由此对当地其他物种和生态系统造成的改变和危害，即人为造成环境的剧烈变化而对生物的多样性产生的影响和威胁。

生态健康与生态安全是有所区别的，生态健康是针对特定生态系统对外界干扰，侧重于生态系统结构和功能的研究，而生态安全则是从人类对自然资源的利用与人类生存环境的辨识角度来评价自然和半自然的生态系统，主要研究生态系统在保持健康的结构和功能情况下能否承受人类正常的社会经济活动。因此，生态系统健康不等同于生态安全。健康的生态系统并不一定是安全的，还需要与生态系统所处的风险状态相联系（王耕，2007），基于生态系统健康的定义只能作为狭义生态安全的理解。

2.1.4　系统科学视角的生态安全

从系统科学角度研究生态安全一般指的是复合生态系统的安全。国际应用系统分析研究所认为生态安全是人的生活、健康、安乐、基本权利、生活保障来源、必要资源、社会秩序和人类适应环境变化的能力等方面不受威胁的状态，包括自然生态安全、经济生态安全和社会生态安全。这是广义的生态安全概念定义，该定义反映了复合生态系统安全的范畴，包括自然生态系统、人工生态系统和自然-人工复合生态系统的安全，从范围上可分成全球生态系统安全、区域生态系统安全和微观生态系统安全等若干个层次，涉及内容广泛。该观点适用于区域尺度以上的生态安全和可持续发展研究，为大多数学者所接受。

国内外学者分别从系统论、系统自组织理论、生态系统能量原理、生态系统功能等角度研究了生态系统的健康性、完整性和可持续性。Schneider 和 Kay（1994）运用系统自组织理论研究了生态系统自组织和生态系统完整性；Reid（2002）组织开展的全球生态系统健康调查结果显示，人类活动对地球生态系统构成了威胁；Kutseh 等（2001）研究了生态系统自组织指标；郭中伟（2011）从生态系统的角度，指出所谓"生态安全"是指一个生态系统的结构是否受到破坏，其生态功能是否受到损害。

从生态功能角度，在"安全"含义上强调生态系统服务功能的生态安全：其一是生态系统自身是否安全，即其自身结构是否受到威胁；其二是生态系统对于人类是否是安全的，即生态系统所提供的服务是否满足人类的生存需要。这种定义恰好提供了生态安全研究的一个侧面，即通过生态系统服务功能强弱来测度其安全程度（王耕，2007）。肖笃宁等（2002）将生态系统服务功能的可持续性作为生态安全研究的基本内容，因而此定义也为许多学者所接受和引用。安全的生态系统其生态功能是正常的，其服务是完善的，即使在环境产生波动的情况下也有余力恢复正常"工作"，但是，反之生态服务功能完善的生态系统不一定安全，生态安全与生态服务功能不能同义，生态服务功能是生态安全研究的主要内容，但生态服务却不能代替生态安全的研究。此研究仍侧重于自然生态系统的安全，对于人类生态系统的安全考虑甚少，"安全"内涵仅用生态服务功能来衡量也显得薄弱。

国际全球环境变化人文因素计划（International Human Dimension Program of Global Environmental Change，IHDP）提出全球环境变化和人类安全的研究项目，为生态安全的理解又提供了一个新的视角，通过多学科交叉和综合的观点来研究包括人类在内的生态安全问题，使科学家们将生态安全和人类生计安全联系起来。将人置于生态环境系统之中，不仅使得生态环境系统安全的概念非常清楚，而且使得安全评价也变得非常简单明了。在国内，黄青和任志远（2004）从人类对生态安全的能动性角度，将生态安全定义置于以人类安全为核心的范畴中。

近几年，越来越多的科学家从人类-自然复合系统角度关注环境变化与安全之间的内在关系，如美国哈佛大学肯尼迪管理学院贝尔弗科学与国际事务中心 William 等所做的"评价全球环境风险的脆弱性"、美国环保局的"环境监测和评价计划"（EMAP）以及瑞典斯德哥尔摩环境研究所（SEI）的"风险和脆弱性研究计划"。这些研究认为，过去的对全球变化风险的科学评价大都集中在剖析发生的全球环境变化上，而很少关注这些变化可能对生态系统和社会带来的危险。William 等的研究提出脆弱性评价的综合框架并对制定改善和减缓脆弱性的战略提出建议。SEI 研究则是上述研究的深化，它提出脆弱性评价的有关指标、指数和关键点，建立脆弱性研究的通用概念性方法（崔胜辉等，2005）。整个生态安全研究已从以往对环境变化与安全关系的广泛讨论进入其内在关系的探讨，并且深入到影响环境安全的具体因素，如全球环境变化的风险、脆弱性、全球化、人口和资源等，科学家们已经将生态安全和人类的生计安全联系起来，考虑如何同时实现和平衡生态安全和人类生计安全。

国际应用系统分析研究所于 1989 年提出的广义生态安全概念实质上是从人类安全的角度来定义的。此角度的生态安全定义是比较科学、客观的，因为只有人类才会有"安全"意识，那么"生态安全"只有针对人类才有意义。本书正是基于系统科学视角的广义生态安全研究，对社会-经济-自然复合生态系统的安全问题进行研究。

2.2 复杂系统与脆性理论

2.2.1 系统论

系统论是一门运用逻辑学和数学方法研究一般系统动力规律的理论，该理论从系统的角度揭示了客观事物和现象之间的相互联系、相互作用的共同本质和内在规律性。20 世纪初从生物学领域提出一般系统论，科学地定义了系统概念，并提出系统的各种特征。在此基础上形成信息的观点和控制论的方法，建立最初的系统科学"老三论"，包括贝塔朗菲的一般系统论（general system）、维纳的控制论（cybernetics）和申农的信息论（information）。系统论、信息论和控制论共同揭示了系统的整体性和相关性。整体性是系统的基本特性，系统论主要研究系统的整体性问题。控制论的控制和反馈机制与信息论的信息传递原理完善了系统的整体性，揭示了机体的联系方式和演化机理。生态系统中的内部结构和外部环境为系统研究提供了基础。系统相关性是系统生成、发展和演化的动力基础，揭示了系统产生、发展和演化的机制。随着对系统复杂性的研究，系统科学逐步形成"新三论"，包括普里高津的耗散结构论（dissipative structure theory）、哈肯的协同学（synergetics）和托姆的突变论（catastrophe theory）。从生态系统的整体性到一般系统论的形成，再到现代系统论的发展，从不同角度为生态哲学提供了科学基础。生态问题本质上是一个复杂性、非线性和组织性的系统问题，以系统的角度认识生态问题，运用系统方法研究生态问题，在理论上和实践中都有着重要的意义（闫德胜，2014）。系统科学不但为生态安全预警研究提供了定性的理论指导，而且为生态安全预警的实现提供了分析手段。

系统论的创始人是美籍奥地利生物学家贝塔朗菲。系统论要求把事物当作一个整体或系统来研究，并用数学模型去描述和确定系统的结构和行为。所谓系统，即由相互作用和相互依赖的若干组成部分结合成的、具有特定功能的有机整体，而系统本身又是它所从属的一个更大系统的组成部分。贝塔朗菲旗帜鲜明地提出系统观点、动态观点和等级观点。指出复杂事物功能远大于某组成因果链中各环节的简单总和，认为一切生命都处于积极运动状态，有机体作为一个系统能够保持动态稳定是系统向环境充分开放，获得物质、信息、能量交换的结果。系统论强调整体与局部、局部与局部、系统本身与外部环境之间互为依存、相互影响和制约的关系，具有目的性、动态性、有序性三大基本特征。

科学界对系统理论的研究，可以追溯到 19 世纪上半叶，但早期系统科学的研究对象基本属于简单系统，尚未触及真正的复杂性科学。20 世纪七八十年代，关于简单系统的理论日趋成熟，系统科学才真正以复杂性为主要研究对象。复杂性研究的高潮始于自组织系统理论研究。自组织系统理论是研究客观世界中自组织现象的产生、演化的系统理论，它主要包括耗散结构理论和协同学等。耗散结构（dissipative structure）是比利时化学物理学家普利高津（Prigogine）于 1969 年在《结构、耗散和生命》（*Structure，Dissipative and Life*）一文中首先提出的。耗散结构理论认为，远离平衡态的开放系统与外界不断地交换物质和能量，当外界条件达到一定阈值时，系统可能从原有的混乱无序状态转变为一种在时间、空间或功能上的有序状态，这种远离平衡态所形成的新的有序结构需要不断地通过消耗外界的物质和能量来维持，因此称之为耗散结构（湛垦华和沈小峰，1998）。协同学（synergetics）是德国理论物理学家哈肯（Haken）于20世纪70年代创立的一种自组织理论。协同学与耗散结构理论不同，它从系统内部各要素相互作用入手，主要研究系统中子系统之间是怎样合作以产生宏观的空间结构、时间结构和功能结构。在协同理论研究过程中，哈肯把支配原理（伺服原理，微观方法的中心）和最大信息熵原理（最大信息原理，宏观方法的中心）称为协同学的两大支柱（Haken，1983）。

2.2.2 复杂性科学

复杂性科学是研究"复杂性涌现机制"的科学。1984年，以3位诺贝尔奖获得者盖尔曼（M. Gell-Mann）、阿罗（K. J. Arrow）和安德森（E. W. Anderson）为首的一批不同学科领域的科学家在美国新墨西哥州成立了以研究复杂性为宗旨的圣菲研究所（Santa Fe Institute，SFI）。该研究所主要是运用计算机的模拟功能，力图建立一门处理复杂性的一元化理论。他们通过对不同学科之间的深入探讨，试图找出各种不同系统之间的一些共性，即为复杂性研究，研究复杂巨系统如何在一定的规则下产生有组织的行为，以及系统的进化所突现出来的行为。

人工智能与认知心理学研究的先驱、诺贝尔经济学奖获得者西蒙将与复杂性科学密切相关的若干课题归纳为如下八个方面：①整体论和还原论；②控制论与一般系统论；③复杂性方面当前的兴趣；④复杂性与混沌；⑤在突变和混沌世界中的合理性；⑥复杂性与进化；⑦遗传算法；⑧元胞自动机和生命游戏（Simon，1969）。

美国乔治·梅森大学的Warfield教授对组织管理的复杂性进行长期的研究，提出用交互式管理（interactive management，IM）的方法来解决组织管理中的复杂性问题（Warfield，1999）。考温等主编的复杂性研究系列文集——《复杂性：隐喻、模型和实在》对复杂性的各种研究方法做了初步的探讨（Cowan et al.，1994）。霍兰在《隐秩序》和《涌现》两本专著中，把隐喻方法引进复杂性研究之中。考夫曼和巴克等学者对复杂性科学的方法论进行研究。法国学者埃德加·莫兰在《复杂思想：自觉的科学》等四卷本方法书系中，也从哲学层次上对复杂性的研究方法及其对科学思维和科学方法的影响做了许多哲学沉思。

我国的复杂性研究与国际研究基本同步。1986年1月，以钱学森为首的一批系统工程学者于1989年提出"开放的复杂巨系统"的概念（钱学森等，1990），把人脑系统、人体系统、社会经济系统，以及人文地理系统、生态环境系统等概括在开放的复杂巨系统的范畴之内，并提出处理这类系统的方法，即从定性到定量的综合集成法。综合集成法将专家群体、数据和各种信息与计算机技术有机地结合起来，把各种学科的科学理论和人的知识结合起来，这三者构成系统。该方法强调发挥系统的整体优势和综合优势，其理论基础是思维科学，方法基础是系统科学与数学，技术基础是以计算机为主的信息技术，哲学基础是实践论和认识论。

1992 年，钱学森结合情报信息技术、人工智能和虚拟（virtual reality）技术成果，提出从定性到定量的综合集成的研讨厅体系。集成研讨厅按照分布式交互网络和层次结构组织起来，就成为一种具有纵深层次、横向分布、交互作用的矩阵式研讨厅体系，为解决开放的问题提供了规范化、结构化的形式（戴汝为等，1995）。顾基发与朱志昌提出"物理-事理-人理"（WSR）系统方法论，被称为东方系统论的代表。

生态学研究发现，地球系统本身、演化过程及生物圈行为模式都是开放的复杂系统。区域复合生态系统作为一个包括人类、社会、经济、自然、生态的复杂巨系统，认识、管理和控制这个复杂系统的安全性是区域生态安全管理的基本要求，以往的研究更多地采用了分专业、分系统、局部化的还原式方法，无论在对生态安全的理论认识方面，还是对区域生态安全管理实践指导方面，都不够科学和全面。按照复杂系统的基础理论和研究方法，应从更大的科学范围和更深的技术层次，探索生态安全复杂巨系统的认识、分析方法，建立基于复杂系统理论的区域生态安全研究理论体系和分析方法。

2.2.3 脆性理论

复杂系统脆性是研究不确定环境下系统受干扰的安全性问题，即一个极小的干扰，可能引起系统的子系统或部分系统崩溃，随着崩溃事件的传递和扩大，最终使整个系统崩溃（金鸿章，2010）。国内外针对复杂系统安全性的研究中，对于复杂系统的脆性特征也有所涉及。但复杂系统的脆性概念由我国原国防科工委栾恩杰首次提出，接着哈尔滨工程大学金鸿章教授通过对复杂系统脆性进行深入研究，提出脆性是复杂系统的一个基本特性，是客观存在的。金鸿章教授研究团队在提出脆性的定义、特点和模型的基础之上，建立复杂系统脆性的相关概念、理论，并用于分析和处理社会安全危机管理中。复杂系统脆性理论研究可应用于国防装备武器系统、工业生产、环境保护、控制系统、网络与通信、航空航天、财政与金融、计算机软件工程及人工智能、道路交通系统、电力系统等众多领域（Crucitti et al.，2004；Kinney and Albert，2005；Lee et al.，2004；Xu and Wang，

2005；Qi et al.，2003）。

脆弱性概念源于环境、生态、计算机网络等领域，它是描述系统及其组成部分易于受到影响和破坏，并缺乏抗拒干扰、恢复初始状态的能力。Fouad 等（1994）首先提出对电力系统脆弱性的研究，并且建立一种应用状态能量函数以及神经网络的脆弱性分析方法。1981 年，地学领域的 Timmerman 首先提出脆弱性的概念，脆弱性概念得到广泛应用。脆弱性在不同的研究领域有着不同的认识和理解，因此，出现了一些不同的脆弱性定义。联合国国际减灾战略（United Nations International Strategy for Disaster Reducionn，UNISDR）界定的脆弱性是：由自然、社会、经济和环境因素及过程共同决定的系统对各种胁迫的易损性，是系统的内在属性（UNISDR，2002）；Bogardi（2004）认为"易损性可视为脆弱性的内在属性，需要考虑系统从灾害性事件的负面影响中恢复的难度，所以恢复和适应是脆弱性评价不可缺少的"；Adger 和 Kelly（1999）认为脆弱性是经济–社会复合系统自身的一种性质；IPCC 认为脆弱性是指易损的系统受破坏或伤害的程度，取决于其暴露程度（exposure）、敏感性（sensitivity）和适应潜力（adaptive capacity or resilience）；FAO（世界粮农组织）将脆弱性定义为存在可能导致地方居民出现食物安全问题或营养不良的因素。而自然灾害研究中的脆弱性则是指个体或群体在预期、应对、抵抗自然灾害影响及从中恢复的能力，认为脆弱性是对个体或群体受自然灾害影响程度及从事件影响中恢复程度的度量；社会学家则认为脆弱性是由决定人们应对压力和变化能力的一系列的社会经济因素构成（Olmos，2001）。Downing 认为脆弱性应主要包括三个方面，首先是脆弱性应作为一个结果而不是一种原因来研究；其次针对其他不敏感因子而言，其影响是负面的；最后脆弱性是一个相对概念，而不是一个绝对的损害程度的度量单位（Downing and Patwardhan，2002）。

脆弱性理论在领域应用方面，McLaughlin 和 Dietz（2008）认为在界定概念的同时，更应该分析概念在对应的理论体系下的应用，将理论视角归结为生物物理学、人类生态学、观念论等，具体表现在理论起源、应用领域以及研究缺陷等特征的差异上（表2-1）。

表2-1　脆弱性研究的学科视角及差异

特征视角	理论起源	关注点	优势应用领域	对脆弱性研究的推动意义	缺点
生物物理学	地理学；自然灾害学	退化的环境	气候变化和灾害、突发性环境事件	最关注环境问题；大部分数据可定量化；是所有脆弱性研究量化数据的集中来源	忽略了政策手段和人的能动性；易对技术、专家盲目依赖

续表

特征视角	理论起源	关注点	优势应用领域	对脆弱性研究的推动意义	缺点
人类生态学	美国洪灾工程控制失败的思考；系统论	不同社会阶层的脆弱性受体	综合和复杂的地球系统；人居环境；生态移民	引入了复杂系统理论；提出环境有适应的能力和抵御外界干扰的潜力；开始关注家庭、居民等小型社会单元的生存环境	复杂、庞大的分析系统；实用功利性强
观念论	文化和人类生态的融合	文化历史背景	性别、种族和文化观念的作用、文化和人类组织的作用	有文化决定论倾向；将观念差异造成的对暴露和脆弱性形成的作用引入	抽象和概括承担不够，理论不成熟，还仅限于定义名词阶段

Nature 杂志于 2000 年 7 月刊登文章 *The Internet's Achilles Hell*。Achilles 是古希腊传说中的战士，他有一副刀枪不入的钢铁之躯，他所向披靡，无坚不摧，但是脚后跟却是他的致命弱点，最终他在一次战斗中死于自己的致命弱点（刘小茜等，2009）。对于系统中的这个 Achilles 之踵的研究正是对脆性中所说的脆性源的研究。始于此，对复杂系统的脆弱性研究逐渐广泛地开展起来。对于脆弱性研究侧重于对 Achilles 之踵的判断和崩溃后果的考证，并没有深入研究系统的各个部件之间的耦合作用影响。复杂系统脆性的研究，就是从复杂系统的子系统行为之间的耦合关系，以及个体行为对系统全局特性的影响入手，试图建立一种具有普适性的复杂系统脆性研究方法和分析手段。脆弱性是研究系统的内外干扰或者打击下的系统损伤程度，与系统脆弱性对应的是系统的生存力，包括系统如何规避、干扰后损伤程度、恢复三个方面。

复杂系统脆性理论研究的是不确定的外界环境下，复杂系统对外界环境施加的干扰所反映的安全性问题。一个干扰影响到复杂系统中的某个子系统，根据子系统之间的脆性关联，引起复杂系统内部的崩溃反应和脆性作用过程，这种反应达到一种程度时，也就引起了整个复杂系统的崩溃，即复杂系统脆性被激发，这正是复杂系统所关注的安全性问题。

复杂系统脆性理论经过多年的研究和发展，在理论基础以及应用方面都取得了一定的成果。国内学者金鸿章、韦琦、姚绪梁、李琦等在复杂系统脆性定义的基础之上，将复杂系统的一些理论，如混沌理论、分形理论、耗散结构理论、协同论、人工神经网络和混沌同步与控制理论等运用于对复杂系统脆性的研究分析中（韦琦，2004；荣盘祥等，2005），并建立起了许多诸如基于元胞自动机脆性模型、多米诺骨牌模型、金字塔与倒金字塔模型等复杂系统脆性的几种常见脆性模型来进一步探寻复杂系统脆性的根源（林德明等，2005），定性分析复杂系统中各部分、各个子系统之间的脆性联系，研究复杂系统脆性如何被激发，进而导致整个复杂系统崩溃的复杂系统脆性演进过程。

随着复杂系统脆性理论的不断完善和成熟，脆性理论也广泛应用到各个领域（吴红梅，2006）。张江等（2004）以电力系统为应用背景，采用某层次分析法对复杂系统进行脆性分析，找到电力系统中的脆性元件或因素，最大限度地避免脆性的发生；孙庆荣等（2005）将复杂系统脆性应用到黄河灾害的研究中，采用模糊层次分析法对黄河中下游灾害系统进行分析，找出了极易使黄河中下游系统崩溃的脆性因素；张志霞等（2006）将脆性联系理论应用到矿井通风安全这个复杂系统中，并结合现实情况，建立该系统的脆性关联层次结构模型；刁力和刘西林（2007）通过应用蚁群算法对供应链中系统脆性分析可寻找供应链系统脆性因子的最佳路径；王鲁彬等（2008）采用层次分析法定量地分析了该系统的脆性关联关系，找出影响网络安全系统的脆性源；郭亚军等（2005）基于一般系统结构理论，证明了脆性是一般系统都具有的共同属性，结果表明，一般系统脆性具有潜在性、连锁性和延时性等特点，影响系统脆性发生的主要因素包括随机因素对系统的扰动强度子系统间的结合强度及其分布。

2.3 生态安全评价和预警

2.3.1 生态安全评价

生态安全评价是生态安全预警的基础。国外生态安全评价的研究是随着生态风险评价和生态系统健康评价发展起来的，相对于生态风险评价和生态健康评价的研究水平，生态安全评价的研究水平较低。

美国国家环境保护局（Environmental Protection Agency，EPA）认为生态安全评价是对一种或多种应力（物理、化学或生物应力等）接触的结果而发生或正在发生的负面生态影响概率的评估过程，并选择流域作为评价单元进行环境生态评价研究。一些学者认为生态安全可以用生态系统健康来表征，指生态系统没有病痛反应、稳定而且可持续发展，即生态系统随着时间的进程有活力并且能够维持其组织及自主性，在外界的胁迫下容易恢复。Glinskiy等（2015）构建了全球生态安全风险及脆弱性进行评价的综合框架并对其不足提出改进措施。

在国内，王根绪等（2003）沿用了国外生态环境安全研究的思路，认为生态环境安全评价是对生态系统完整性以及对各种风险下维持其健康的可持续能力的识别与研判，以生态风险和生态健康评价为核心内容。王朝科（2003）从方法论的角度论述生态环境安全评价的标准、评价方法和构建生态环境安全评价指标体系的思路。李辉等（2004）则从系统工程学的角度出发，论述生态环境安全评价系统的构成（评价主体、评价对象、评价目的、评价标准和评价方法）和评价工作的具体流程。王耕和吴伟（2006）针对压力–状态–响应框架在生态安全评价中存在的局限性，在剖析区域生态安全和生态安全空间概念的基础上，提出状态–隐患–响应生态安全机理框架。曹琦等（2012）运用 DPSIR 模型对城市水资源生态安全进行评价，以张掖市甘州区为例进行实证研究，得出其在 2002～2007年水资源安全状况处于良好状态，并分析了影响水资源安全的因素。解雪峰等（2014）对流域安全、水环境安全以及水资源的可持续利用等方面进行研究。汪慧玲和朱震（2016）构建了一个包括 36 个指标变量的生态安全评价指标体系，对我国 2004～2013 年的生态安全状况进行评价分析，开展了我国生态安全影响因素的实证研究。

当前，生态安全评价研究存在的不足：第一，由各种模型计算出的安全指数，如何确定指数在什么范围内属于哪一个安全等级至今没有统一的标准与方法，在安全等级的划分上存在着随意性，这使得评价的结果任意性很大；在生态安全评价准则或指标评价刻度的确定方面并没有突破性进展，不同学者在不同地区的研究中采用与研究区域特定生态系统相适应的特定准则，缺乏模型可信度与准确性的评价。第二，在评价过程中，虽然突破了完全定性评价的约束，开始运用各种数学方法进行定量分析，但分析方法比较单一，一般是在建立指标体系基础上，运用传统的综合评价方法进行分析；目前存在的最大问题仍是定量评估方法与准则的确定，以及区域生态系统生态安全预测与预警，其困难不仅是生态安全所涉及的因素复杂多样，还在于多因素的量度与研究尺度密切相关。第三，对生态安全评价的研究，还是以现状评价为主，而有关预测性评估分析较少，缺乏生态安全过程和动态趋势分析（刘红等，2006）。

2.3.2　生态安全预警

"预警"应用较早较为成熟的是军事领域中的战略预警。战略预警是一个国家或国家集团的武装力量，为了防御敌方战略兵器的突然袭击，运用预警技术提早发现并监视敌方战略武器活动态势的综合性警戒手段。预警的理论和实践最早应用于军事领域的雷达技术及导弹防御系统。

受预警在军事领域应用的启示，预警概念在许多领域开始应用，其中生态环境是近几十年应用较为广泛的领域之一。20 世纪 50～60 年代发生的震惊世界的"八大公害"事件引起了西方国家对环境问题的极度重视，促使一批科学家积极参与环境问题的研究，发表了许多报告和著作，形成有代表性的观点和学派。

但是他们都共同认识到，生态环境问题不是孤立存在的，经济和社会因素是生态系统退化的根本原因，解决环境问题必须走经济、社会和环境协调发展的道路（仇蕾，2006）。在这种背景下，引发对区域生态系统预警的研究热潮。与生态风险评价的不同之处在于生态安全预警强调人的积极主导作用，从研究区域系统的要素和功能（过程）出发，探求维护系统生态安全的关键性要素和过程。

1. 预警管理

关于"预警管理"，在许多学科都有较深入的研究。1919 年美国雷特出版《风险与不确定性》一书，提出风险预警的概念，开始对风险预警进行研究。Miller 的《商业失败综合征》指出四种常见的商业失败的预警信号，Caplan 提出预警研究在心理学方面的临床表现；Argenti 提出组织衰败的形式；Smart 和 Vertinsky 作出关于危机决策和集体思考的实施过程研究；Sheaffer、Richardson 和 Rosenblatt 编写《管理预警信号：巴林银行倒闭的教训》等。而预警运用较多的是经济预警，其中的一些典型预警模型如由 2003 年诺贝尔经济学奖获得者 Robert Engle 提出的 ARCH 模型，即自回归条件异方差模型；由 Kaminsky、Lizondo 和 Reinhart 共同创建的 KLR 信号分析法，已经成为经济预警中的标准模型；Healy 提出的 MCS 模型用以评估一国的外债风险；关于人工神经风险模型的预警是一种平行分散处理模型，它具有容错能力和自学习能力。近年来，将人工神经网络模型、BP 模型等引入风险投资的研究屡见不鲜。关于风险投资预警评论体系研究，美国学者 Tyebjee 和 Bumot 在定性阐述的基础上，最早采用问卷调查和因素分析法得出美国风险项目评价模型。所有这些研究从商业、医学、环境学和金融等不同方面论述预警管理的重要性并提出一些具体的方法和模型（高蓉，2007）。

目前，预警的理论、方法已由军事领域广泛应用于经济、社会、自然界、政治和科技等各个领域，和人类的生活紧密相关，已经成为我们生活的重要组成部分，融入了城乡居民生活的方方面面。例如，经济领域中包括宏观经济预警、微观经济预警、金融风险预警、房地产预警、股票预警、产业预警等；社会领域中包括疾病预警、人口预警、交通预警、留学预警、移民预警等；自然界领域中包括气象预警、灾害预警、污染预警等，还可以进一步细化为大风警报预警、高温预警、降温预警、沙尘暴预警、地质灾害预警等；其他领域有国家安全预警、信息安全预警、计算机病毒预警，等等。同时，预警的研究和应用正在不断向各个领域延伸、拓展。

2. 国外生态安全预警研究

为解决诸如酸雨、欧洲北海污染、全球气候变化等一系列大尺度的环境问题，20 世纪 70 年代德国提出生态预警的概念。1980 年，联合国开始呼吁研究自然、社会、生态、经济，以及利用自然资源过程中的基本关系，确保全球的可持续发展。1984 年，预警原则在第一届北海（欧洲）保护国际会议中被明确提出，并写入 1987 年和 1990 年两届北海保护国际会议的《部长宣言》中，预警原则开始在欧洲付诸实施。预警作为维护生态系统健康和生态安全的重要原则，开始受到各国政府、学术界和非政府组织的重视，成为国际环境政策制定的基本原则。

自 1975 年国际上建立全球环境监测系统（GEMS），开始对全球的环境质量进行监测和预警以来，生态系统预警研究的理论和实践得到广泛而迅速的发展。英国科学家 A. Schumn 的区域学派根据区域分异规律，从区域地理学和区域经济学角度研究区域人口、资源、经济、能源和环境的协调发展，建立区域可持续发展系统，为生态安全预警的开展奠定了基础（傅伯杰，1991）；以罗马俱乐部为代表的未来学派，对全球发展进行预测和综合研究，试图以综合预警的方式，达到整体识别的目的；美国系统学家 J. W. Forrester 和 D. H. Meadows 等系统动力学派，利用系统动力学方法，建立一个全球范围内人口增长、工业发展、环境污染、粮食生产和资源消耗等要素相互联系、相互制约的世界模型，对全球发展状况作出定量预警分析（王其藩，1985）；以美国内布拉斯加大学为代表的系统学派，于 1982 年研制成功的《AGENT》系统，把美国中西部 6 个州的区域管理问题，在预警的基础上实施全面的优化调控和智能决策，并成为联邦政府决策体系的基本组成部分，受到广泛关注；以美国学者怀特为首的灾害学派，在洪水泛滥的风险决策中，发展了单项预警体系，取得显著的经济效益和生态效益。1984 年英国 M. Slesser 教授提出提高资源环境承载能力的 ECCO 模型，带有明显的预警含义。

总之，国外生态安全预警研究主要建立在生态风险评价、生态预报的基础之上，生态环境预警的理论不断完善，方法和手段不断更新，从单项预警发展到综合预警，从专题预警到区域预警，从生态环境预警到生态安全预警，从理论研究到特定区域的应用研究，相应的研究成果对于解决特定区域的生态环境管理问题发挥着重要作用。

3. 国内生态安全预警研究

在国内，生态安全预警研究刚起步，尚未形成完整的理论体系，预警方法处于探索阶段，该领域的研究多以环境变化和生态恶化预警等形式表现出来。生态安全预警的研究内容主要包括生态安全预警基本理论、预警指标体系、预警模型方法和预警系统构建等几个方面。

在生态安全预警基础理论方面，傅伯杰（1993）认为区域生态环境预警是对区域资源开发利用的生态后果、区域生态环境质量的变化，以及生态环境与社会经济协调发展的评价、预测和警报。陈国阶（1996）认为环境预警，就是对环境质量和生态系统逆化演替、退化、恶化的及时报警，它具有先觉性和预见性的超前功能，具有对演化趋势、方向、速度、后果的警觉作用，具有为环境整治和生态建设服务的科学功能和基础功能。郝东恒和谢军安（2005）认为生态安全预警有广义和狭义之分，其中狭义的生态安全预警仅指对自然资源或生态安全可能出现衰竭或危机而建立预警，而广义的生态安全预警则包括生态安全维护和减少危机的整个过程，从发现警情、分析警兆、寻找警源、判断警度到采取正确的预警方法将警情排除的全过程。吴延熊等（1999）开展的区域森林资源预警系统研究，为区域生态环境预警奠定了理论基础。

生态安全预警首先需要建立一套能反映生态系统状态和发展态势的预警指标体系。从现有的研究成果来看，主要基于经济合作与发展组织（OECD）和联合国环境规划署（UNEP）共同提出的"压力（pressure）-状态（situation）-响应（response）"（PSR）指标模型构建生态安全评价指标体系（吴舜泽和王金南，2006）。刘邵权等（2001）结合三峡库区山地生态系统预警评价的指标体系的研究，将复合生态系统分为经济、社会、生态环境三个子系统，每个子系统下又分为若干次级子系统等，形成五层预警指标体系；傅伯杰（1992）用生态破坏、环境污染、自然资源和社会经济等四个选取指标表征区域生态环境质量；石明奎等（2005）、文传浩和彭昱（2008）借鉴环境指标 PSR 概念模型，建立珠江上游少数民族农业区域和区域生态安全预警指标体系；谢钦铭和朱清泉（2008）基于 PSR 指标体系建立模式，建立区域水环境生态安全预警模型；刘普幸和李筱琳（2004）从绿洲的自然资源状况、环境压力状况和社会经济状况三个子系统进行评价指标的选取，开展绿洲环境预警研究；沈静等（2007）按照驱动力（driving）-压力（pressure）-状态（state）-响应（response）概念模型框架，构建了崇明城镇生态环境安全预警指标体系；王耕（2007）等通过对区域生态安全概念及评价体系的研究认为，生态安全是一个动态演变过程，仅仅基于 PSR 框架的评价并不能全面客观解释生态安全的演变过程，尤其是预警指标体系，由于要求具有预测性和预报性，现有的生态安全评价指标体系显然不能满足生态安全预警的需要。

预警方法是预警系统的核心，目前常用的预警方法有指数预警、统计预警、模型预警和模拟预警等。刘邵权等（2001）运用加权平均模型，对三峡库区中低山石灰岩山地典型聚落进行实例研究，对该区域的生态环境质量及演化趋势进行预测和预警分析；许学工（1996）提出"环境潜在指数"的计算方法，并对黄河三角洲的生态环境进行现状评估和预警计算分析；刘邵权等（2002）运用指数加权合成法，确立不良状态预警、负向演化趋势预警及恶化速度预警，并对农村聚落自然演替状态和必要调控状态的生态环境质量及演化趋势进行预测和预警分析；傅伯杰（1992）将 AHP 法应用到生态环境预警中，并以中国各省区生态环境质量评价和排序研究为例进行实例研究；尹豪和方子节（2000）对云南省1979～1998 年的统计数据进行分析，确定警情变量的警限和警度，结合警兆和警情之间存在的密切因果关系和相关关系，确定警兆变量的警限和区间，进行趋势外推，实现生态环境预警；李华生等（2005）采用人工神经网络方法对指标值进行预测，以南京市为研究对象，建立人居环境的预警系统，并进行初步的预警研究；陈秋玲（2004）对我国主要流域的水质，采用模糊综合评判模型进行定量分析，得到各主要流域水环境预警状况，并提出相应的管理对策；沈静等（2007）运用情景分析法按照经济发展速度的高、中、低三种模式，分别对崇明城桥镇、堡镇和陈家镇未来 15 年生态环境安全状况进行预测和预警分析；邵东国等（1999）以甘肃省河西走廊疏勒河流域为例，建立基于神经网络的生态安全预警模型，提出生态环境质量量化与预警分析方法，成为对干旱内陆河流域生态环境预警研究的主要代表；郭松影等（2007）应用系统动力学方法建立水安全的风险预警模型；韩奇等（2006）从社会经济系统、水资源与水环境系统以及两者相互联系的定量研究入手，建立系统动力学（SD）预警模型；李如忠（2007）运用模糊理论将风险评价模型的参数定义为三角模糊数，构建了水环境健康风险评价模糊模型。目前，随着新的智能预测算法和预警模型的不断提出，生态安全预警方法正在朝智能化、集成化方向发展。

在生态安全预警领域应用和生态预警系统构建方面，刘邵权等（2001）开展了农村聚落生态环境预警研究；张大任（1991）针对洞庭湖生态环境预警开展了地理学与国土研究；文传甲（1997）以三峡库区为例开展了农业生态经济系统预警分析；许学工（1996）提出环境潜在指数的概念，对黄河三角洲的生态环境做了预警研究；邹长新（2003）以黑河为例对内陆河生态安全开展预警研究；赵雪雁（2004）探讨了城市化进程中的生态预警和预警程序；王龙（1995）对山西煤炭开发与生态环境预警做了研究；张妍和尚金城（2002）以长春经济技术开发区为例，建立环境风险预警系统的总体组织结构；钱江和杨伟（2001）提出江苏省突发性环境污染事故应急监测支持系统建设框架，建立经济技术开发区的环境风险预警系统和城市重大环境风险事故的应急救援系统；曹金绪和吕贻峰

（2002）提出利用地理信息系统技术开发该预警系统的主要模块及预警方法，从警源分析、警兆辨识、警情动态监测、警度预报、控制决策等方面围绕磷矿开发环境污染预警进行探讨；姜逢清等（2002）提出绿洲规模扩张的阈限与指标体系框架，认为该指标体系包括资源预警、环境与生态预警、人口预警和社会经济可持续发展预警四个方面。通过对特定区域的生态安全评价和预警分析，构建相应的预警系统，提供生态安全预警信息，便于人们认识生态环境状态及其安全需求满足程度，理解生态安全格局演变过程。

生态安全预警是一个新兴的交叉研究领域，由于其基本概念、理论体系、预警方法等都刚刚起步，理论层面上的方法研究多，实践应用研究相对较少；生态安全现状评价研究较多，生态安全预测预警较少；生态环境状态预警多，生态环境趋势预警较少；单一预警方法较多，综合集成方法较少；专项生态安全预警研究较多，复合生态系统安全预警较少。为提高生态安全预测预警的准确率和精度，需要运用多学科交叉的研究方法，需要多学科、多视角地引入一些新的理论与方法，力求构建全面的生态安全预警理论框架，在理论体系、预警的方法和技术等方面进一步深入研究和完善，为生态环境安全管理与决策提供更好的科学支持。

2.4　公共安全管理研究

公共安全管理（security management）是管理科学的一个重要分支，它是为实现安全目标而进行的有关决策、计划、组织和控制等方面的活动；主要运用现代安全管理原理、方法和手段，分析和研究各种不安全因素，从技术上、组织上和管理上采取有力的措施，解决和消除各种不安全因素，防止事故的发生。目前国内外安全管理理论和应用研究呈现以下发展趋势（孙忠林，2009）。

1. 由常规管理模型向预警管理模式转变

早期，人们把安全管理等同于事故管理，仅仅围绕事故本身进行管理，安全管理的效果是有限的，只有强化了隐患的预测、控制，消除危险因素，安全事故的预防才高效。因此，20世纪60年代发展起来的安全系统工程强调了系统的危险控制，揭示了隐患管理的机理。21世纪，安全隐患的预测预警管理将得到推行和普及（慕庆国，2003）。

2. 由事故致因理论分析向科学预测控制管理转变

从管理理论看，安全管理从建立在事故致因理论基础上的管理，发展到现代的科学预测控制管理。20 世纪 30 年代美国著名的安全工程师海因里希，提出 1：29：300 安全管理法规，事故致因理论的研究为近代工业安全作出了非凡贡献（Forster and Hong，2001）。到 20 世纪末，现代的安全管理理论得到全面的发展，如安全系统工程、安全人机工程、安全行为科学、安全法学、安全经济学、风险分析、安全评价及安全预测等。21 世纪，安全管理科学技术的理论将更加完善，应用更加广泛（钟茂华和陈宝智，1998）。

3. 由事故致因理论分析向科学预测控制管理转变

从管理技术看，安全管理从传统的行政手段、经济手段，以及常规的监督检查，发展到现代的法治手段、科学手段和文化手段；从基本的标准化、规范化管理，发展到以人为本、科学管理的技术与方法。21 世纪，安全管理系统工程、安全评价、风险管理、预测管理、目标管理、无隐患管理、行为抽样技术、重大危险源评估与监控等现代安全管理技术方法，将会大显身手，安全文化的手段将成为主要的安全管理技术。

4. 研究热点由传统安全管理向非传统安全管理转变

当前，随着社会危机、城市危机、生态环境危机等威胁公共安全的危险因素不断增加，对于生态环境等非传统安全的研究也在不断得到重视，人们发现非传统安全管理对人类社会的威胁将会更加明显，安全管理对象由传统安全管理向非传统安全管理转变。

5. 由具体单一管理方法向系统安全管理方法转变

随着安全管理对象的复杂性不断增加和安全管理技术的发展，人们固然重视能解决实际安全问题的具体方法，同时更加重视从中研究和提炼出相应的方法论。安全系统工程学的方法论就是在构建安全系统过程中所采用的一般分析和解决安全问题的途径及路线。

安全系统工程的概念出现于 20 世纪 40 年代末，1947 年，美国航空科学研究院发表了一篇题为"安全工程"的论文，被认为是最早提出系统安全概念的论文。60 年代初，安全系统工程开始得到实际应用，最初主要用于航天航空部门。继航空航天工业之后，更多的工业部门，如核工业、化学工业等，由于安全的需要，也较广泛地应用于系统安全与系统安全工程。从管理方法看，安全管理从单一对象安全技术管理向大安全的系统安全管理转变，逐步形成安全系统管理方法（阳富强等，2009）。

2.5 复合生态系统管理

复合生态系统管理是一门新兴交叉边缘学科，是运用系统工程的手段和人类生态学原理去探讨复合生态系统的动力学机制和控制论方法，协调人与自然、经济与环境、局部与整体间在时间、空间、数量、结构、序列上复杂的系统耦合关系，促进物质、能量、信息的高效利用，实现技术和自然的充分融合，使得人的创造力和生产力得到最大限度的发挥，生态系统功能和居民身心健康得到最大限度的保护，经济、自然和文化得以持续、健康的发展。生态系统管理是在社会-经济-自然（生态）复合生态系统的视角下进行的管理活动，与传统的自然资源管理有着本质的区别。

2.5.1 国外复合生态系统管理研究

最初生态系统管理理论的产生、发展和应用主要集中在自然生态系统领域，其理论源于 1935 年英国生态学家 Tansley 提出的生态系统概念、20 世纪 30 年代末 Lindeman 提出"百分之十定律"、20 世纪 40 年代维纳提出的生物控制系统论，以及 50 ~ 60 年代 Golley、Odum、Odum 等生态学家对生态系统理论的基础研究。Leopold 认为人类应该把土地当作一个"完整的生物体"加以关爱，并且应该尝试使"所有齿轮"保持良好的运转状态。这是第一个尝试描述生态系统管理的概念（马尔特比等，2003）。人与自然复合生态系统具有多层次和复杂性特征，Miller 总结出 19 种不同尺度的生命系统的结构与功能，德国著名的生物控制论专家 Vester 总结出生物控制论的 8 条定律，Haken 提出协同学理论、Prigogine 提出耗散结构理论，为社会-经济-自然环境复合生态系统分析开辟了一条新的思路（王如松，2003）。

1988 年由 Agee 和 Johnson 出版了第一本有关生态系统管理的著作《公园和野生地的生态系统管理》，该书提出实现生态系统管理的基本目标和过程的理论框架，标志着生态系统管理学的诞生（Agee and Johnson，1988）。之后，大量关于生态系统和管理方面的研究论文出现，生态学开始强调长期定位、大尺度和网络研究，生态系统管理与保护生态学、生态系统健康、生态整体性与恢复生态学相互促进和发展（任海等，2000）。Boyce 和 Haney（1997）对森林及其野生动植物资源利用进行理论研究；Costanza 等（1999）对世界自然资源及其生态系统服务进行理论研究；Brussard 和 Reed（1998）对生态系统理论进行探讨；Haeuber（1998）对生态系统管理与环境政策进行对比分析研究；Lackey（1998）对 7 个生态系统区域进行生态系统管理方法的对比实证分析；Gentile 和 Harwell（2001）对美国 South Florida 的可持续发展框架和模型进行案例分析；Berberoglu（2003）对土耳其的东地中海海岸生态系统可持续管理进行实证研究。同时，国外众多政府、非政府机构，包括联合国、各种政府联盟、国家相关管理机构也开始应用复合生态系统管理理念和方法对区域、国家、全球生态、资源、经济、社会进行系统研究和管理。1992 年，美国林务局第一次宣布采用"生态系统方法"来管理国家森林；1993 年，克林顿发表题为"生态系统管理：一个生态的、经济的和社会的评价"的报告，标志着生态系统管理基本框架的形成；2000 年《生物多样性公约》缔约方大会第五次会议提出有关生态系统管理的 5 项导则和 12 项原则，为进一步实施生态系统管理提供了重要的指南；联合国和各个政府联盟，以及各种民间机构组织实施了诸如世界气候计划（WCP）、世界气候研究计划（WCRP）、国际生物圈计划（IBP）、人与生物圈计划（MAB）、国际地圈生物圈计划（IGBP）、地球环境检测系统（GEMS）等一系列全球或区域环境对策研究计划。

2.5.2　国内复合生态系统管理研究

20 世纪 80 年代初，我国生态学奠基人之一马世骏院士就提出复合生态系统概念和有关生态规划的理论和方法（马世骏和王如松，1984）。近几年，我国学者赵士洞、任海、傅伯杰、王如松、于贵瑞等对生态系统管理的概念和理论框架进行较早的理论和实践探索，尤其在自然生态系统管理理论与实践方面。于贵瑞认为生态系统管理是把复杂的生态学、环境学和资源科学的有关知识融为一体，在充分认识生态系统组成、结构与生态过程的基本关系和作用规律，生态系统的时空动态特征，生态系统结构和功能与多样性的相互关系基础上，利用生态系统中的物种和种群间的共生相克关系、物质的循环再生原理、结构功能与生态学过程的协调原则以及系统工程的动态最优化思想和方法（于贵瑞等，2002）。鲁奇等依托中国-欧盟合作项目开展了"可持续性农业生态系统管理与城乡互动发展研究"（Sustainable Agroecosystem Management and the Development of Rural Urban Interaction in Regions and Cities in China）。严良等（2007）对矿区生态环境管理及持续发展进行分析研究，并提出建立矿区资源-环境-经济信息管理系统和生态环境综合分析决策模型。郭怀成等（2007）认为在生态系统方法、物种保护、综合资源管理以及区域规划等的基础上，生态系统管理在 20 世纪 90 年代后成为研究和管理实践中新的热点。田慧颖等（2006）对生态系统管理的多目标体系、方法、生态系统管理的新理念进行评述；王鸣远和杨素堂（2005）对中国荒漠化防治与综合生态系统管理进行理论研究；武兰芳和欧阳竹（2005）从理论上分析了农牧结合生态系统管理的动力学机制；王如松（2003）从我国资源、环境与产业转型以及生态安全等角度探讨了复合生态系统管理理论问题；王如松主持的国家自然科学基金重点项目"区域城市发展的复合生态管理方法"，在充分调研国内外生态安全、生态健康、生态风险、产业生态评价和生态规划理论与方法研究动态的基础上，建立基于生态动力学机制和生态控制论的区域城市发展的复合生态管理方法论体系，并以北京为例进行区域城市化的生态资产、生态占用和生态服务功能评估，对北京等典型城市生态足迹和区域生态服务机理、区域城市发展的生态安全与生态健康、生态风险管理等进行深入研究。该项研究是生态系统管理理论与方法在我国理论与实证研究中应用较为全面和成功的一项成果。

区域复合生态系统管理的主要研究内容为复合系统协调发展。国内于 20 世纪 70 年代开始了复合系统协调发展的研究，以区域 PRED 系统为主要研究对象，研究集中在协调发展的内涵和定量化研究两方面。林逢春和王华东（1995）以区域"人–环境系统是自组织系统"为出发点，应用自组织理论建立区域经济–环境系统的非线性演化模型，并在许多城市进行实证研究。吴跃明等（1996）以可持续发展理论为指导，借助系统工程多目标优化的思想，建立新型环境–经济系统协调度模型。汤兵勇等对协调发展指数进行研究，并构建相应模型。从 1997 年开始，协调发展研究进入高涨阶段。冯玉广和王华东（1997）在分析了区域之间关系的基础上，基于灰色系统理论建立区域可持续发展的判别模型和协调度计算公式，定量分析经济与环境的协调关系标准。杜慧滨和顾培亮（2005）根据自组织理论，在分析区域能源–经济–环境复杂系统特征的基础上，探讨该系统与外部环境之间、子系统之间、子系统与外部环境之间的相互关系，以及内部协调发展机制等。白彦壮和张保银（2006）以复杂系统理论为基础，借助其中的系统构成和演化思想，通过研究循环经济的复杂性体现，分析循环经济的复杂性构成，从政府、企业和社会公众，以及行业环境与宏观社会环境五个维度出发，系统分析发展循环经济的五维度互动与协同关系。曾嵘等（2000）学者提出"人口、资源、环境与经济"（PREE）复杂系统协调发展的概念，对复合系统的结构特征、各子系统之间的内在协调机理作了深入分析。

目前，复合生态系统管理研究更强调一种新的管理理念和方法论，强调生态系统结构、功能和生态服务以及对社会和经济服务的可持续性，为环境决策者提供有效参考和决策依据；特别注重区域各种自然生态、技术物理，以及社会文化因素的耦合性、异质性和多样性；注重城乡物质代谢、信息反馈和系统演替过程的健康度，以及系统的经济生产、社会生活及自然调节功能的强弱和活力，其中生态安全、生态健康和生态服务功能是当前复合生态系统管理研究的热点。

第 3 章　基于 WSR 方法论的区域复合生态系统安全分析

生态安全是一种多层次、跨学科的综合性工作，它既要求社会科学与自然科学的知识综合，又要求决策层、执法层与研究层的经验结合。当今，复合生态系统安全研究还处于探索之中，从单一视角出发单项、专题性的研究具有一定的局限性，目前还没有形成一个系统的理论体系框架。本章运用系统科学的理论和方法，对安全、生态问题、生态安全问题、生态安全化进行解析；介绍区域复合生态系统的定义、特征、要素和运行机制；提出区域复合生态系统安全的定义、内涵、研究内容和研究方法；最后，构建基于 WSR 方法论的区域复合生态安全系统分析模型。

3.1　生态安全问题的系统认识

3.1.1　安全的本质

"安全"作为现代汉语的一个基本语词，在各种现代汉语辞书中有着基本相同的解释。"安"是安稳、安定、平安，是指系统的稳定性；"全"是全面、保全、不缺损，是指系统的完整性，则安全就是主体、系统、对象或事物的稳定性和完整性，换言之，安全就是主体没有危险的状态。

"安全"在英文中的对等词有两个："Safety"和"Security"。"Safety"在《美国传统辞典》中的释义为"The condition of being safe; freedom from danger, risk, or injury"，即不受威胁或免于危险的状态；"Security"除包含上述"Safety"的意义外，还有"Freedom from doubt, anxiety, or fear; confidence"和"A document indicating ownership or creditorship; a stock certificate or bond"的意义，即"安全"还包含从疑问、焦虑、恐惧中解脱，放心，证券、股票证书。

结合安全科学与工程、交通安全、军事安全和政治安全等多方面的定义，"安全"包括主客观两个方面：主观上，"安全"是指一种主观感受，认为安全主体处于一种不为事物或人所疑惑的、确信其处于远离危险且危险可调控或消除的状态；客观上，"安全"是一种对于安全主体的正向价值属性，如生命存在、家庭财富、个人尊严等，为主体拥有或部分拥有而免于被彻底剥夺的状态。从系统的角度看，"安全"反映的是系统的一个状态（冯肇瑞，1992）。

安全作为一种状态，不是一种实体性存在，而是一种属性，"安全"本身无任何具体内容，只有依赖于某一具有主体性的客观存在及其属性价值时才具有丰富内涵。当安全依附于人时，那么便是"人的安全"；当安全依附于国家时，那么便是"国家安全"。这样，一些承载安全的实体，也就是安全所依附的实体，可以说就是安全的主体。

"安全"源于各种客观存在的相互关联，本质上是相互作用关系的一种状态，在这些关系中，有的可能有助于安全的维持和改善，有的则有可能促进或推进危险或更危险的状态来临。客观存在的相互关系构成系统，当系统的演替处在一个"临界点"时，即如果系统仍然按其原有的进程体系演替，将危及系统的核心价值体系或者重要属性，但如果系统作出进程体系调整，而能缓解或抑制这种危机时，这种进程问题就会演变为系统安全问题。因此，从本质上讲，"安全"反映的是客观事物之间相互作用的一种状态。

人类活动对自然界活动规律的认识能力和改造能力是有限的，对生态机理或生态安全风险的控制需要不断探索；同时，人类对外界危害的抵御能力和危险接受能力在不断变化；人与物之间关系的系统控制和协调能力也是有限的，很难实现人与自然的绝对和谐。因此，理想的安全状态是无法实现的，绝对的安全也是不存在的，当安全达到某种相对的安全程度（水平）就可认为是安全的，相对安全是可以实现的。理想的绝对安全是人类不断追求的目标，这表明要实现人类安全具有阶段性、持久性、科学性和激励性。安全还是危险，是由科技进步、经济基础和人民的安全心理素质来判断和决定的（畅明琦，2006）。

3.1.2 生态问题

生态问题是指由于生态平衡遭到破坏，导致生态系统的结构和功能失调，从而可能威胁到人类社会发展的现象。生态环境问题一般可以分为：①不合理地开发利用自然资源所造成的生态环境破坏。由于盲目开垦荒地、滥伐森林、过度放牧、掠夺性捕捞、乱采滥挖、不适当地兴修水利工程或不合理灌溉等引起水土流失，草场退化，土壤沙化、盐碱化、沼泽化，湿地遭到破坏，森林、湖泊面积急剧减少，矿产资源遭到破坏，野生动植物和水生生物资源日益枯竭，生态多样性减少，旱涝灾害频繁，水体污染，以致流行病蔓延。②城市化和工农业高度发展而引起的"三废"（废水、废气、废渣）污染、噪声污染、农药污染等环境污染。生态环境问题表现比较突出的有水土流失、土地荒漠化、森林和草地资源减少，破坏生物多样性等。生态问题源于自然界对人类不合理行为的报复，这种报复的逐渐升级，产生一些危害性较大的生态环境问题，即为生态灾害。

生态灾害是指由于生态系统平衡改变所带来的各种始未料及的不良后果，与生态冲击（ecological backlash）、生态报复（ecological boomerang）、自然报复（natural reprisal）的含义相似。由于人类对大自然认识缺乏全面性和系统性，习惯于依靠片面的、某些单向的技术来"征服"大自然，常常采取一些顾此失彼的行为措施，在第一步取得某些预期效果以后，第二步、第三步却出现了意料之外的不良影响，常常抵消了第一步的效果甚至摧毁了再发展的基础条件。人们总是由于专注于当前的直接利益而忽视了环境在人的作用下的长期、缓慢的不良变化，不自觉的忍受了一个又一个这样的"自然报复"。直到 20 世纪 70 年代以后，由于世界工业普遍迅速发展，污染和生态环境破坏产生了极明显的严重的破坏效应，才引起人们的注意和重视。生态灾害与自然灾害的不同之处在于，生态灾害的根源是人类自身，即人类活动对自然界的影响已经足够强大，以至于一些活动已经可以引起自然界前所未有的强烈反应。

3.1.3 生态安全问题与生态安全化

有危险存在，就会有安全问题，即使没有发生事故和灾害，也有安全的问题。灾害和事故在没有发生时，是一种危险，构成安全问题，但一旦事故或者灾害发生，所谓的安全和危险就都不存在了，就转变成了灾害。安全与危险的差异，仅仅是安全度上的差异。安全因危险的作用力可能导致安全主体进入危险的境地，但也可由主体的内外因的作用而逃离危险境地进入相对安全的状态，但如果危险的作用力过大，或主体的对抗力太小，则主体安全状态进一步恶化，直接导致灾害的发生，主体拥有的某项价值被剥夺，这种变化已基本不可逆（吴舜泽和王金南，2006）。安全、危险、安全度与灾害的关系如图 3-1 所示。

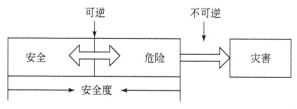

图 3-1　安全-危险-灾害关系图

安全化是一个过程，是一个原来与安全无关的某个事物，转变为安全问题的一个演化或转化的过程。简单地说安全化就是把一个以前不是安全问题的事物当作安全问题。也可以说，安全化是究竟是什么使一件事物成了安全问题，换言之，没有什么既定的安全问题，当一个事物被这样看时，它才成了安全问题。可见，一个事物被认为是安全问题，并不是什么好的事情，不是说这个事物处于一种美好、令人满意、让人放心的安全状态，而是说这个事物出了问题，正在或可能处于危险之中，或与某个安全问题发生了重要的关联，而安全化就是安全问题产生的过程，实际上表示一个事物由于某种原因已经或可能处于危险之中，而被人们以安全问题的眼光"另眼看待"或"格外关照"了。一个事物被称为安全问题，即这个事物被安全化，那为什么要被安全化呢？安全化意味着安全问题、危险的产生。从安全最基本的含义说，安全化可能意味着生存或其他重要安全利益受到了威胁。因此，安全化不仅是安全问题产生的过程，也是人们发现危险、识别危险的过程，是解决和应对危险的前期工作（畅明琦，2006）。

生态安全问题就是生态安全出了问题。随着人类活动与生态环境的不协调发展，产生一些危害性较大的生态环境问题，而这些生态环境问题逐渐积累、叠加和放大，就对人类社会的生存与发展产生了一种新的威胁，即生态安全问题。如果生态安全问题得不到解决，那么就会产生一些生态灾害，生态灾害不断增加并产生关联效应，最终将对生态构成系统性的破坏，即生态危机，生态危机是自然界对人类报复的最终结局。因此，生态危机的实质是人类社会的生存危机，是人类社会的生存安全危机，其最重要和最基本的含义就是对人类社会的生存安全的威胁。

生态安全化，是生态问题转化为生态安全问题的过程。生态安全化概念的提出，就说明不是所有的生态问题都是生态安全问题，生态安全问题是生态问题的一部分，是生态问题严重化的终极形态，是威胁到人类生存的生态问题。生态安全化从动态的、发展的、演变的视角揭示了生态问题和生态安全问题之间的变化过程。

生态问题转化为生态安全问题需要两个必要条件：①生态问题可能对人类社会构成现实或者潜在的威胁和危险；②生态问题所构成的潜在或现实的危险被人类社会认同为安全问题。是否对人类社会的生存安全构成现实和潜在的危险或威胁是判断生态安全问题是否产生的首要条件。不是所有的生态环境问题都可以称为生态安全问题，如轻微大气污染、水污染、垃圾围城等都是生态环境问题，影响人们的日常生活和工作，但并没有构成安全问题。还有，如城市居民的废水排入下水道，进而污染江河湖泊，农田的化肥和农药流失，排放二氧化碳等，在污染范围比较小、污染程度比较轻的情况下，在生态系统可承受的范围之内，一般也不会构成生态安全问题。只有对人类社会的生存发展构成实质性的威胁和危险，才被称为生态安全问题。因此，生态安全问题是更加严重的生态环境问题。

另外，一个生态环境问题要被人们认同为安全问题，除了上述条件外，必须是人类社会从主观上对这种客观存在的威胁和危险的感知、判断和认同。事实上，对人类社会生存构成危险的因素很多，除了战争、暴力、恐怖、动乱等传统安全的内容外，还有重大自然灾害（地震、海啸等）、重大传染病（艾滋病、天花病毒等）流行、人类重大灾难（飞机失事等）。但是这些事情并不能都归结为一个安全问题，一般将地震作为灾害，把艾滋病当作一个医学和社会学问题，把飞机失事当作一个技术问题或管理运作失误。危险的起因也是决定人们对安全作出判断的重要因素，如空难、海难等事故造成的人身伤亡，一般会认为是安全问题，但对于那些人类不可控制的因素，如闪电、火山爆发导致的人身伤亡事故，一般都被认为是自然灾害，而不被当作是传统意义上的安全问题。可见，并不是所有对人类社会构成危害、危险和威胁的问题，都被当作安全问题。

因此，本书认为生态安全管理应该关注的仅仅是由于人类活动不合理行为引起的，对生态环境破坏而导致的对人类社会构成威胁的生态问题，而对于由于火山爆发、地震等人类不可控的自然灾害等带来的生态环境问题应该属于自然灾害或生态灾害研究范畴。生态安全、生态问题、生态安全问题、生态灾害可以作为描述生态环境系统演化的一个状态过程。

由图 3-2 可知：①生态安全是生态系统的理想状态，生态安全与生态问题的转化过程是可逆的，是渐变的变化过程，可以通过生态管理手段和方法进行控制；②生态问题与生态安全问题的转化过程也是缓慢的变化过程，同时也是可逆的，通过生态安全管理，尤其是生态安全预警方法，在生态安全化过程中采取相应的措施和手段，促进生态反安全化；③生态安全问题向生态灾害的转化过程是不可逆的，对生态安全问题处理不当或处理不及时，就会造成生态灾害甚至生态危机，这一过程是一个突变的过程。一旦发生生态灾害和生态危机，在短时间之内很难恢复，当然经过生态恢复和治理，也是可以回到生态安全状态的，但是从生态安全管理的研究角度，应该将问题控制在生态灾害发生之前。如水污染事故

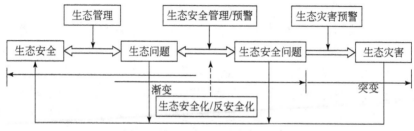

图 3-2　生态系统安全状态变化过程

发生后，可能的危害成为事实，经过处理，问题消失，不安全就转化为安全了。通过生态灾害预警，可以防止生态灾害事件的发生。

目前，随着生态安全问题的日益加重，人类社会对生态环境问题的认识越来越深刻，特别是生态安全概念的提出，使生态环境问题具有"安全"内涵。因此，生态环境问题事实上已经被人类社会所承认是一个安全问题，并且是一个关乎人类社会生存与消亡的根本性的重大安全问题。

3.2　区域复合生态系统

人类的一切活动都离不开某一特定的地域空间，人类活动与特定地域空间的结合就产生了区域复合生态系统。社会、经济、自然是三个不同的系统，虽然都有各自的结构、功能和发展规律，但它们之间又是相互联系、相互制约的，马世骏和王如松（1984）称其为社会-经济-自然复合生态系统（social, economic, natural complex ecosystem, SENCE）。SENCE 是若干复杂对象的统一体，是一个综合体。复合生态系统管理的观点在注意局部的同时，特别注意各部分间的有机联系，把 SENCE 内的各部分、系统内外部因素看作互相连续、互相影响、互相制约的。就其特征而言，复合生态系统就是要充分运用整体、协调、循环再生的生态学原理，有意识、有目的地使社会、经济、自然三个子系统的运转功能互相协调、互相补充、互相利用，以获得最大的社会效益、经济效益和生态环境效益，从而实现复合生态系统的可持续发展。区域复合生态系统是生态安全的载体，系统认识和分析复合生态系统是生态安全研究的前提和基础。

3.2.1　区域复合生态系统定义

人类是自然界生物圈中的一员，故 20 世纪初，一些社会科学家、地理科学家主张将"eco-"理解为人类与环境的关系，把研究人类与环境之间相互关系的科学称为人类生态学（anthropo ecology），以区别于生物学界的生态学。20 世纪 60 年代末 70 年代初，由于全球人口、环境、资源与粮食问题越来越严峻，为解决这些与人类生存休戚相关的重大问题，生态学家进一步将"ecology"从对生物与其生存环境相互关系的研究，扩展到生命系统、生物、环境及与人类社会相互关系的研究（杨士弘，2003）。现今"生态"一词的含义远远超越了其原来的本意，它不仅是指一种"关系"，如生物与环境的关系，人与环境的关系等，即生命有机体与其生存环境相互作用所形成的结构和功能的关系，而且是指一种和谐，一种复杂关系的和谐。

区域复合生态系统是由社会、经济、自然三个子系统相互促进、相互制约而构成的具有特定结构和功能的开放的动态的复杂巨系统。复合生态系统中每一个子系统都是多要素、多结构、多变量的系统，具有复杂关联关系的要素按一定方式相互作用。其内涵可以描述为：

$$CS \subseteq \{S_1, S_2, S_3, R_K, T, O\},$$
$$S_i \subseteq \{E_i, C_i, F_i\}, \quad i = 1, 2, 3$$

式中，S_1，S_2，S_3分别表示社会子系统、经济子系统和自然子系统；E_i，C_i，F_i分别表示子系统 S_i 的要素、结构和功能；R_k 为关联关系，是复合系统中的相关关系集，既包括系统间的关联关系，又包括系统内部各要素间的关联关系，这种关联关系是一种复合的多向网络关系；T 为时间，体现复合生态系统的动态特性；O 为区域对象，是指特定区域的复合生态系统的域。

3.2.2 区域复合生态系统特征

区域复合生态系统是一个典型的开放复杂巨系统（梁吉义，2002），该系统具有以下系统特征。

1. 整体性和综合性

构成区域复合生态系统是一个相互联系、相互作用、相互依托、不可分割的有机整体。人类的经济活动是以自然环境为场所，以自然资源为物质基础和劳动对象，在满足人类物质和文化需求的同时，也在消耗资源和排除废弃物。当经济活动超出资源环境可以承载和容纳的能力时，就会导致资源耗竭、环境污染，阻碍社会经济的健康发展；同时，经济的发展又是资源有效开发利用、生态环境良性循环的保证，因此，资源、环境与经济发展是一个相互依赖相互影响的统一整体。就其系统整体而言，任何系统整体，又是更大系统的部分，并构成更大系统的特性。一个区域系统是由若干或众多的区域子系统和部门构成的一个整体大系统。各个区域系统又是国民大系统中的一个子系统，从而又构成了一个系统整体。为此，我们在区域系统发展过程中，必须从区域系统范围内，在整体上总揽全局，进行整体布局，整体开发，整体发展，才能获取系统工程整体大于部分之和的功效，只有综合协调经济、社会、自然资源、环境各子系统，才能获得最佳的整体性能，达到复合系统经济–社会–自然复合的目标。

2. 动态性和开放性

区域系统的动态性表现在地域空间和时间上的相互关系。随着时间的推移，系统在空间布局上和物质的量上都在不断变化和运动。同时，它是一个开放的系统，系统同周围环境、系统与要素之间、系统与结构和层次之间，相互联系，相互作用，进行着物质、能量、信息的交换和转换，具有很大的协同力，从而形成一个"活"的、有生命力的耗散型结构系统。其划分是无限的，其相互交换和转换的作用也是无穷无尽的。为此，在区域系统发展中，一定要充分发挥其开放性的作用，加速其物资流、信息流的交换，促进其持续、健康、快速发展。

3. 复杂性和层次性

区域复合生态系统的复杂性表现在系统的多要素性，即组成区域系统的整体要素，有自然的、有经济的、有社会的。系统的多层次性，每个子系统分别是一个复杂的巨系统，因而同样也可以分解成能相对独立的若干个下一级子系统，同层次和不同层次子系统之间相互交织交错，从而形成一个多层次的网络系统。系统的多维性，即系统状态变量的多维性，就其系统的多个质点，描写它的状态，就需要三个坐标、三个动量，共六个变量，系统有多少层次，就需要多少组变量来描述，要描述各层次关系，就需要更多的变量；系统的多方向性，即组成区域系统的众多要素，其中的大多数是属于非线性相互作用构成的不可转系统，这种非线性相互作用导致了系统演化发展过程的多方向性。组成自然、经济、社会的各要素也都是由多要素构成的，都表现出了其复杂性。

4. 空间性和区域性

区域复合系统是建立在区域的地理位置、自然条件（包括自然资源）、生态环境、社会、经济、技术基础上的。也可以说在什么样的区域内，就会产生与此相关的系统整体效益，要素的空间分布、空间范围、空间距离、空间联系等因素在系统发展中起着重要作用。随着科学技术的发展，知识经济的产生，全球经济一体化的拓展，经济发展受区域限制的因素越来越少，甚至不受区域的限制，如信息经济，但农业、采掘工业无论任何时候都会受到区域的自然条件、自然资源的影响和限制。

5. 自适应性与自组织性

区域复合系统是一个整体，外界环境的任何变化，都会引起系统结构与要素的相应变化，并建立起新的稳定结构和状态，从而适应新的环境。自适应包括系统对外界环境变化的自动反应性；系统受外界环境变化干扰后自动恢复平衡的稳定性；系统为适应新的外界环境而发生突变，导致系统结构变化与重组的演化性质。

3.2.3 区域复合生态系统要素分析

区域复合生态系统包括自然系统、社会系统、经济系统，各要素在空间和时间上，以社会需要为动力，通过投入产出链渠道，运用科学技术手段有机组合在一起，构成了区域复合生态系统。

1. 自然系统

自然系统包括资源子系统和环境子系统（张炜熙，2006）。

1）资源子系统——复合系统的物质基础

资源是人类生存和发展的物质基础，具有客观的实在性。资源的概念有狭义和广义两种。广义的资源包括自然资源、经济资源和人文社会资源，狭义的资源是指自然资源，包括矿产资源、森林资源、土地资源、水资源。本书所讨论的资源是狭义的自然资源，自然资源各要素由若干个子要素构成，如矿产资源由金属矿产、非金属矿产组成，土地由耕地、林地、牧地、居民点等组成。自然资源是人类社会存在和发展的物质基础，经济的发展实际上是人类掌握的社会经济资源，包括资金、资本、科学技术等作用于自然资源的过程，人类总是在开发与利用资源的过程中获得收益。随着人类利用和改造环境能力的提高，资源所包括的外延和内涵也不断扩大。资源与环境的界限也经常变动。如图3-3所示，发展与资源存量存在着冲突与协调两种关系；技术进步与外界投资可促进资源利用率提高，培育可再生资源和寻找非再生资源，提高资源存量。而经济与人口子系统的消耗增加了对资源的开采和使用，使资源存量不断减少。

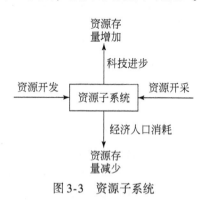

图 3-3 资源子系统

因此，资源子系统的持续发展必须考虑区域内资源的承载能力。人口的阈值必须在资源约束的阈值之内，在实现社会经济可持续发展的过程中，人口的增长必须要与资源的承载力相适应。要合理利用资源，提高资源使用效率，对不可再生的资源（如能源、土地等）必须优化利用，对可再生资源（如水、森林等）必须可持续利用。

2）环境子系统——复合系统的空间支持

环境包括自然环境和社会环境。本书所讨论的环境是自然环境的范畴。环境是人类赖以生存的场所，按照环境要素分类，环境子系统可以分为水环境、大气环境、生态环境（图3-4）。自然环境的主要特征是具有自净化能力，即自然环境在接纳了社会生产、生活排放的各种污染物之后，能够通过自身复杂的物理、化学和生物过程将污染物变成无害或低害物质，以减轻其对环境和人体健康的危害。但是自然环境的净化能力是有限的，当超出环境承载力时，环境就会遭到破坏。

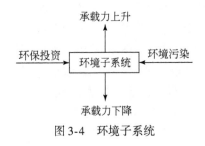

图 3-4　环境子系统

发展与环境承载力之间也存在着冲突与协调两种关系：环境承载力的上升取决于环保投资和环境改造技术水平，从这一方面看，经济发展可以为环境改善和治理提供必要的资金和技术，两者是协调的；另一方面，经济增长和消费水平的提高会增加污染的排放，导致环境承载力下降，两者又是有矛盾的。环境子系统的协调发展关键在于发展要与环境协调的承载力相适应，要调整产业结构，提高生产技术水平，减少污染排放，同时，要增加环境治理投入，提高污染治理技术和质量水平。环境质量的好坏是衡量区域复合生态系统安全性的重要指标。

2. 经济系统

经济系统是在一定自然条件（包括自然资源）和社会条件基础上建立起来的集各个经济部门于一体的经济系统整体（图3-5）。区域经济系统以其物质再生产功能为其他区域系统的完善提供了物质和资金的支持，尤其对于中国这样的发展中国家，经济发展始终是发展的中心问题。只有在经济发展到一定程度时，才能有更多的资金投入资源开发和环境保护，才能发展文化教育事业，提高生活水平，改善生活条件，促进社会进步。经济系统与其他区域系统之间的协调与矛盾关系表现为：各种非生产性投入（如环保、教育、消费等）会减少生产性投资，从而抑制经济增长，因此，经济协调与其他系统之间存在利益冲突；但是，增加其他系统的投入有利于系统外在要素（人力资源、自然资源、环境质量等）质量的提高，在它们的推动下，有助于经济效益的改善，所有经济系统与其他系统之间又存在着协调关系。经济系统的协调发展不仅在于注重经济增长数量，更在于追求经济效益、改善经济结构、合理分配各种资金，特别是依靠科技进步提高生产的经济、社会和环境效益。

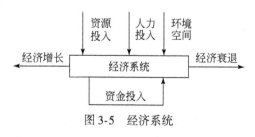

图 3-5　经济系统

3. 社会系统

社会系统的要素有人口与人力资源、社会组织与活动、政府与企业管理。人口与人力资源由人口数量、人口与劳动力素质、人口结构等组成；社会组织与活动由政府组织、社会团体组织、社会服务组织、企业组织、卫生组织及其活动组成；政府与企业管理由宏观管理、中观管理、微观管理组成（图 3-6）。区域社会系统是保障系统，社会子系统的质量包括人口、政策、法律、观念、管理等，是资源、生态环境和经济实现协调发展的关键，而合理的政治体制、良好的社会伦理道德和历史文化沉淀以及稳定的社会环境等因素是实现可持续发展的保证。特别是在社会系统中，完备的政策、法律以及科学的管理是系统实现协调发展的重要保证。社会系统中人口因素是区域系统发展的内在动力，人既是生产者，又是消费者。人力资源是社会生产中最关键的要素，社会生产的动力来源于人的消费，而人类的技术进步和发明创造更是经济子系统向前发展的内在动因。教育为国民经济发展培养劳动后备力量和不同水平的各种人才；科技为工业、农业等部门发展提供支撑和先进技能；卫生为劳动者提供保健和医疗。政府机关作为上层建筑，肩负着管理经济社会的重任。上述各个部门不是简单的机械堆积，而是一个有机联系的综合体。

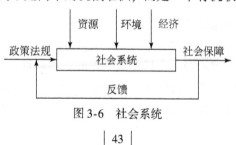

图 3-6　社会系统

3.2.4　区域复合生态系统运行机制

演化是一种系统内生的动态过程。在此所谓的内在并不是说外部作用不存在，相反，复合生态系统作为开放的大系统，与外界环境无时无刻不在进行着物质能量转换，只是这些外源动力并不是系统演化的直接原因，它们只有复合系统内部的"反馈机制"及非线性动力学自组织机制，才能发生作用，复合生态系统正是在这种作用机理下不断形成更高层次的有序结构（仇蕾，2006）。

1. 非线性机制

复合生态系统的开放性是其产生有序结构的必要条件，系统内部各子系统及各要素之间的非线性动力学效应是产生有序结构的基础。复合生态系统的有序化是物质–能量有序化结构的第四个层次，即具有生物–社会自组织过程，当系统外部环境或内部某些环节发生变化时，系统就能够感知此种变化并在一定的阈值范围内通过自组织加以调整，从而适应这些变化。在这种自组织过程中，涉及各要素结构功能的调整，物、能、信息的传输和交换。各要素围绕着一定的目标，通过非线性的叠加与衰减，协同地放大了系统各部分的功能，从而使系统的功能远远大于各部分功能之和。

2. 协同进化机制

区域复合生态系统是一个人与自然相互依存与共生的复杂巨系统，其子系统之间、子系统各要素之间，以及系统与环境之间普遍存在着相互联系、相互制约、相互促进、协同发展的规律。人在复合生态系统中，人口、资源、环境、技术、经济与社会相互依存、相互依赖、共同生存，这个复合系统是一个共生系统。人类从自然界获取自然资源的种类和获取方式、自然资源转化成社会产品的加工工艺、社会产品的种类、生产和消费过程中产生的废物的种类和方式都取决于科学技术水平。消费水平由人口规模和经济发展水平决定，同时，它又决定了人类从自然界获取的自然资源的总量、社会产品的总量和人类向自然界排放的废物的总量，科学技术决定了人与自然相互作用的方式，消费水平决定了复合系统中人与自然相互作用的规模或强度。它们直接控制社会物质产品的生产和消费过程，也直接控制社会–经济–自然复合系统的基本过程。

区域复合生态系统的协同共生机制强调发展的整体性、发展着的各个因素之间的协调性等问题，强调要处理好人类与技术、自然、经济增长与环境保护的协同发展问题，既要满足当代人的需要，又要满足后代人的需要；既要考虑人类的发展，更要促进人与自然的协同和谐发展。具体地说，就是流域系统的社会过程、经济过程和生物过程的紧密耦合，流域系统的社会效益、经济效益和生态效益的协调发展，流域系统的社会进步目标、经济增长目标和资源保护目标的同步实现，流域系统的结构、功能和效益的密切协同。

3. 反馈机制

反馈机制使系统具有自组织、自加速生长的能力。在开放的生态系统中，系统必须依赖于外界环境中物质、能量和信息的输入，以维持生态系统的结构，实现生态系统的功能。对生态系统功能进行调节的方式和过程，就是生态系统的反馈机制。在生态系统中，反馈机制的存在一方面是系统本身经各种自然要素长期相互作用所表现出来的特定现象，另一方面是在人为干预下系统所表现出的特异现象。在许多情况下，自然与人为因素共同作用，影响到生态系统固有的状态或发展趋势，使生态系统表现出更为复杂的反馈过程。正因为生态系统具有负反馈的自我调节机制，所以在一般情况下，生态系统均会趋向于保持自身的生态平衡状态。

反馈分为正反馈和负反馈两种。一般说来，系统的输出结果是反过来作用于输入端的原因，削弱原因的作用就是负反馈；否则，强化原因的作用就是正反馈。正反馈在生态系统中表现为，某种成分的变化引起其他一系列的变化，反过来加速最初发生变化成分的变化。如一级消费者在有利的情况下数量增多，便会对食肉动物产生正反馈作用，造成二级消费者越来越多。当生态系统远离稳态时，则会产生巨大的破坏作用。负反馈是趋于平衡点的行为过程，这是生态系统中大量存在和被使用的一种调节机制，如植食动物在不利的条件下，数量减少，则引起植物数量增加，这便是负反馈作用。生态系统中生物之间，生物与环境之间存在着各种反馈，通过反馈和人们利用反馈对生态系统的调节，生态系统才能维持其存在。负反馈一般表现为是一种约束机制，负反馈机制运用得好，可以促进有利的正反馈机制，克服正反馈机制的破坏作用。

生态系统反馈机制的建立是与熵的原理分不开的。区域复合生态系统作为一个开放的系统，只要能够从外部环境得到足够的负熵流以抵消内部的熵增，生态系统将形成耗散结构系统，并朝着进化的方向发展。若要进行生态恢复和重建，就必须使生态系统进入低熵状态。因此，在生态建设过程中，必须从引起这种变化趋势的人为因素入手，通过有效恢复和逐步发挥生态系统的反馈作用，实现生态环境的良性循环。对于受损生态系统，在掌握了其受损特征、受损过程、受损机制的情况下，人们就有可能运用生态科学的原理和方法，遵循负反馈机制的思路，在自然、社会、经济、科学技术条件许可范围内，寻求优化生态系统结构、增强生态系统功能的方法和途径。

4. 动态演化机制

系统发展的运行轨迹主要取决于两种因素相互作用：一是系统要素本身固有的"内生自然增长"，二是与之相互联系的其他要素的反馈作用。对于复合生态系统，当经济系统发展主要由内在的增殖潜力驱动、外部资源环境毫无限制时，系统一般呈指数形式发展；但通常情况下资源环境提供的条件和空间总是有限的，在系统的动力因素和限制因素的双重作用下，系统的发展将限于资源环境容量之内。根据复合生态系统发展的特点，将复合系统发展的运行轨迹用 Logistic 方程曲线表示（丁同玉，2007），如图 3-7 所示。

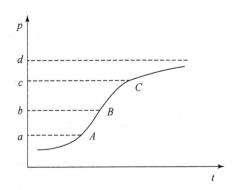

图 3-7　复合生态系统演化发展的 Logistic 曲线

从图 3-7 中可以看出，复合系统的发展过程可以分为孕育期、全盛期、成熟期和稳定期四个阶段。在系统发展的初期，限制因素的作用较小，充足的资源和环境容量驱动系统以很快的速度发展；随着时间推移和系统规模的增大，发展的空间在缩小，资源供给能力下降，环境条件的限制越来越明显地阻碍系统增长率的提高；当系统规模接近资源与环境容量时，系统增长率趋向缓慢。

复合系统的发展是人类自身的创造力和自然的约束力共同作用的结果。一方面，由于掌握着知识、技术和文明方式，人类具有满足其不断增长的需求的欲望，因而形成发展的动力；另一方面，发展必须以大量的资源环境投入为代价，资源环境的有限性又成为发展的阻力。在发展的动力与阻力同时并存的条件下，从而形成复合系统发展的 Logistic 曲线（刘春生，2002）。

当系统完成一个阶段的 Logistic 增长过程之后，进入稳定期，系统的增长率接近于零。此时系统达到了一个临界点或模式演化的分叉点 H（图3-8），同时也进入不稳定状态。系统在 H 点的行为选择决定了它的命运是停滞、循环、倒退还是持续发展。系统演化面临着多种前景。系统发展之所以进入近乎停滞的状态，主要是由于限制因素的制约作用与动力因素的推进作用达到了平衡。它说明在一定的系统结构下，其功能已得到了充分地发展，并达到极限。由于复合系统的复杂性和多样性，这里的限制因素不仅仅表现为单一要素的制约，而且表现为系统的制约或结构性制约。

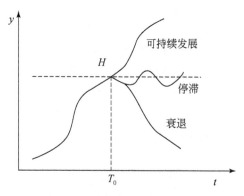

图 3-8   区域复合生态系统演化图

系统要实现持续发展，就要突破限制因素对系统发展的制约，开拓环境容量，寻找替代资源，系统才可能持续发展。面对非功能性的制约，系统必须进行结构性变革，改变人与自然之间的相互适应关系，才可能实现突破。系统的发展由功能性成长与结构性变动组成，系统的功能性成长与一定的系统结构相对应，而功能性成长与结构性变动是相互结合、相互促进的。系统的持续发展是通过功能性成长与结构性变动的交替作用来实现的，对于社会–经济–自然复合系统而言，其持续发展就在于社会、经济、自然系统之间相互适应模式的创新和变革。

3.3   区域复合生态系统安全

3.3.1   区域复合生态系统安全的概念

生态安全研究始于 20 世纪 70 年代末，目前国内外对于生态安全概念仍未达成广泛共识，生态安全概念探讨成为生态安全研究的重要内容。

国外对于生态安全主要以美国国际应用系统分析研究所提出的定义为代表：生态安全是指在人的生活、健康、安乐、基本权利、生活保障来源、必要资源、社会秩序和人类适应环境变化的能力等方面不受威胁的状态，包括自然生态安全、经济生态安全和社会生态安全，组成一个复合人工生态安全系统。

肖笃宁等（2002）将生态安全定义为人类在生产、生活和健康等方面，不受生态破坏与环境污染等影响的保障程度，包括饮用水与食物安全、空气质量与绿色环境等基本要素，该定义将生态安全与保障程度相联系。

陈国阶（2002）认为，生态安全是指人类赖以生存的生态与环境，包括聚落、聚区、区域、国家乃至全球，不受生态条件、状态及其变化的胁迫、威胁、危害、损害乃至毁灭，能处于正常的生存和发展状态。

曲格平（2002）认为生态安全包涵两层含义：其一是防止生态环境的退化对经济基础构成威胁，主要指环境质量状况和自然资源的减少、退化削弱了经济可持续发展的支撑能力；其二是防止环境问题引发人民群众的不满，特别是导致环境难民的大量产生，影响社会安定。

左伟等（2002）提出的生态安全定义是，一个国家生存和发展所需的生态环境处于不受或少受破坏与威胁的状态，即自然生态环境能满足人类和群落的持续生存与发展需求，而不损害自然生态环境的潜力。

马克明等（2004）提出"区域生态安全格局"（the regional pattern for ecological security）的概念。该研究是基于格局与过程相互作用的原理，从更加宏观、更加系统的角度寻求解决区域生态环境问题的对策，并通过区域生态安全格局的规划设计具体实施。值得注意的是区域生态安全格局概念不再停留于生态安全状态描述，而是强调生态安全的演变与格局问题，这为生态安全动态演变研究提供了一种思路。

关于区域生态安全的定义已有论述，左伟等（2002）认为区域生态安全即区域生态环境系统的安全；倪永明（2002）认为区域生态安全不仅包括自然生态环境的安全，也包括由各种劳动生产组成的生态经济系统的安全和由信息、旅游、服务、饮食、居住等社会要素构成的社会生态系统的安全；赵军和胡秀芳（2004）认为，区域生态安全是从满足人类生存和发展的角度来衡量区域生态系统的一种状态，是区域自然环境满足人类生存与发展需求、社会经济安全和人类持续发展之间相互推动、相互促进，并达到动态平衡与协调的状态；高长波等（2006）认为，区域生态安全是指在一定时空范围内，在自然及人类活动的干扰下，区域内生态环境条件以及所面临生态环境问题不对人类生存和持续发展造成威胁，并且系统生态脆弱性能够不断得到改善的状态；邹长新（2003）提出区域生态安全的概念：一定时空范围内，区域内的各类生态系统（包括自然生态系统、人工生态系统和自然-人工复合生态系统）在维持自身正常的结构和功能条件下，能够承受人类各种正常的社会经济活动；王耕（2007）提出基于隐患因素的生态安全概念，认为区域生态安全是安全状态、隐患因素、演变趋势、时间、空间以及安全主体的函数。

从现有国内外对生态安全的定义看，现有生态安全定义存在以下局限：①主要考虑生态风险，而忽略生态脆弱性的一面；②对生态安全的定义仅仅局限于对生态安全的现象描述，缺乏从生态安全的作用机理方面进行系统解释，仅把生态安全看成一种状态，而没有考虑到生态安全的动态性。

从系统论的观点看，整个地球是一个由生物群落及其生存环境共同组成的自然生态系统。在这个系统中，生物群落同其生存环境之间以及生物群落内不同种群、物种之间不断进行物质和能量交换，并处于相互作用和相互影响的动态平衡之中。这个系统最基本的特征就是它的整体性和相互依存性，人类社会是这个生态系统的一个要素，并且其本身又存在于自然系统之中，其必须遵循自然系统的一般规律，必须维持生态系统的稳定。但人类通过不断地变革、改造自然，在自然系统的基础上又形成一个相对独立的人类社会系统。因此，生态安全问题既可以认为是包括人类系统的生态系统的动态平衡问题，也可以认为是人类社会系统与自然环境系统之间的关系问题。

生态安全的本质主要包括生态风险和生态脆弱性。生态风险是指生态系统中所发生的非期望事件的概率和后果，其特点是具有不确定性、危害性和客观性。生态脆弱性是指一定社会政治、经济条件和发展模式下，某一系统对环境变化和自然灾害表现出的易于受到伤害和损失的性质。生态风险相对来说更多地考虑了突发事件的危害，更多地表现为自然灾害或者事后的受害程度的评价和认识，从安全管理的角度，更应该重视脆弱性所表现出来的前期预防和控制管理，因此生态脆弱性应该说是生态安全的核心。从系统角度看，其脆弱性仅仅是一种时刻状态，而反应其脆弱性过程管理的应该为系统的脆性。通过对系统的脆性分析和评价，可以发现生态安全的隐患因素，分析系统脆性作用，提出消除系统脆性和控制系统脆性传递过程的措施，得到保障生态安全的保障措施和途径。这正是生态安全研究的目的。因此，生态安全的科学本质是脆性分析、预警与控制，利用各种手段不断改善系统脆性，降低生态系统风险。

基于以上分析，笔者认为：区域复合生态系统安全是指在社会-经济-自然复合系统中，不存在由于人类活动引起的生态环境问题对人类健康和社会经济发展构成威胁，自然资源和生态环境处于良好的状况或不遭受不可恢复的破坏，系统脆性不断得到改善，整个系统处于没有危险的一种稳定运行状态和发展态势。该定义包含两方面含义：一方面，复合系统安全是指在外界不利因素的作用下，人与自然不受损伤、侵害或威胁，人类社会的生存发展能够持续，自然生态系统能够保持健康和完整。另一方面，复合系统安全的实现是一个动态过程，需要通过脆性的不断改善，实现人与自然健康和有活力的客观保障条件。

3.3.2　区域复合生态系统安全的内涵

区域复合生态系统安全本质上是人类社会系统与自然环境系统之间相互作用表现出来的社会-经济-自然复合系统不受威胁的一种稳定状态,其主要内涵为:

(1) 安全是人类生存环境或人类生态条件的一种状态,是人类社会-生态环境复合系统完整、稳定、健康运行的状态,复合生态系统安全最终追求的目标是人类与自然环境之间的和谐。

(2) 安全依附的主体是社会-经济-自然复合系统,复合生态系统安全不是"生态的安全",不存在与"人类安全"无关的"生态安全"。

(3) 复合生态系统安全的主体是人,目标是在保持生态系统功能正常发展基础上保证人类福祉,人类社会的生存和发展安全是否受到来自生态环境问题的危险和威胁,是判断安全与不安全的根本标准,具体表现为对自然生态系统安全的威胁、居民健康生活环境的威胁和社会经济、生存发展的威胁。

(4) 复合生态系统安全是相对,没有绝对的安全,具有多尺度、层次性。复合生态系统安全由不同尺度、不同层次的系统组成,并且不同尺度、层次的不安全也是相互影响的,更多的是低层次的不安全导致高层次不安全。

(5) 复合生态系统内部具有自调节组织能力,系统的安全是可以控制的,作为主体的人是生态系统的主要调控者;对不安全状态和区域,人类可以通过整治,采取措施,利用生态系统恢复平衡的能力,加以减轻或解除生态安全隐患,变不安全因素为安全因素。

(6) 复合生态系统安全是动态的、变化的。一个区域的生态安全不是一成不变的,它可以随环境变化而变化,即生态因子变化,反馈给人类生活、生存和发展条件,导致安全程度的变化,复合生态系统安全主要取决于生态系统脆性。

3.3.3　区域复合生态系统安全的相关概念

对于一个国家来说,生态安全和军事安全、政治安全、经济安全一起共同组成了国家安全体系。生态安全与其他国家安全因素一样具有极其重要的地位,是国家和民族持续发展的不可动摇的基石。在"和平与发展"成为时代主题的大背景下,生态安全甚至具有更为突出的战略意义。广义的"复合生态系统的生态安全"适合区域生态安全、国家生态安全。生态安全是生态系统可持续发展的目标,同时它又是实现可持续发展的保障,没有生态安全就没有生态系统可持续发展。

生态安全与可持续发展、生态风险、生态系统健康、生态系统服务功能等概念都有着密切联系。消除生态风险、保证生态系统健康、生态系统服务功能健全是生态安全的基本要求，区域可持续发展是生态安全的最终目标（和春兰等，2010）。

生态安全与生态风险在概念上存在着紧密的联系，生态安全源于生态风险分析。生态风险从反面表征了生态系统的安全与否。广义的生态风险指生命系统各层次的风险，尺度上涉及个体、种群、生态系统、区域、景观等。狭义的生态风险只针对人类健康而言，主要评价有毒化学物引起的风险。

生态系统健康和生态系统服务从正面表征了生态系统的安全状况。生态系统健康主要研究生态系统及其成分的安全与健康状况，生态系统健康从正面表征了生态系统的安全状况；生态系统的服务功能正常是实现可持续发展的基础，作为表征区域可持续发展水平的一项综合指标，生态系统服务功能是系统安全的基本保证，因此也可以表征生态系统的安全状况。

可持续发展的根本目标是要持续地满足人类的基本需求，发展的同时加强了生态安全保障的能力，安全是人类最基本的需求之一。因此，复合系统安全是可持续发展的基础，它是可持续发展追求的基本目标。复合系统安全与可持续发展是统一的，同时又是有区别的。首先，生态系统安全与可持续发展内涵的一致性。可持续发展的内涵包括持续性、发展和公平，这些都和生态安全的内涵一致。生态安全要求维护自然生态系统的健康和完整，这就与不超出生态系统的承载力相一致，生态安全要求在安全中求发展，在发展中保安全。其次，生态安全与可持续发展目标的一致性。保障生态安全要求降低风险，改善系统的脆弱性。由于脆弱性不仅反映在生态脆弱性上，它也反映在社会脆弱性上，因而生态安全所追求实现的基本目标是自然-社会-经济复合生态系统整体结构的优化。同时，区域生态安全与可持续发展是有区别的。可持续的生态系统不考虑风险，它是安全的。因为可持续的生态系统具有强大的内外恢复力。而安全的生态系统，虽然不受威胁，也不威胁人类，但是其自然资源利用是否是合理、永续的，是否具有持续发展能力，这一点较难判定，所以它不一定是可持续的生态系统，即安全的生态系统是健康的，但不一定是可持续的。将可持续发展和生态安全研究相等同是不合理的。可持续发展的概念过多地强调环境与发展的关系，忽视了和平与安全，且可持续发展更多的是从人类需求的角度出发，在考虑人类安全与自然生态安全时，优先考虑人类安全，而生态安全一开始就将二者放在同等重要的位置上，要求在人类安全和自然生态安全之间找到均衡点，补充和完善了可持续发展概念。

总之，生态风险、生态系统健康与生态系统服务功能均以生态系统为基本出发点，着重研究生态系统的发展水平。因此，可以用生态风险、生态系统服务功能、生态系统健康来表征生态安全，从本质上是一致的，其研究的目标是更好地实现社会–经济–自然复合系统的可持续发展。

3.3.4 区域复合生态系统安全的特性

1. 研究对象的时空性

区域复合生态系统安全反映复合系统中人类社会系统与自然系统之间的一种关系状态，这种关系状态在特定空间、特定时间范围内包括人类社会在内的整个系统的发展状态。真正导致全球、全人类的生态灾难不是普遍的，生态安全的威胁往往具有区域性、局部性。某个地方不安全，并不意味着其他地方不安全。生态安全的概念首先是针对宏观生态问题（区域、国家乃至全球）提出的，研究那些在小尺度生态学不易有效解决的生态问题。对生态安全的研究可包括不同的尺度，如自然生态方面从个体种群到生态系统，人类生态方面从个人、社区、地方到国家。当前人们最为关切的生态安全问题，如洪涝灾害、沙尘暴等大多数属于区域尺度，可按地理区（流域）、生态区或行政区进行研究。同时，生态安全是一个状态，是在时间维度上动态变化的过程。因此，区域复合生态系统安全研究是对特定空间尺度、时间范围的安全状态的研究。

2. 安全的评估标准具有相对性

不同国家和地区或者不同的时代（发展阶段），其标准会有不同。没有绝对的安全，只有相对的安全。生态安全由众多的因素构成，其对人类生存和发展的影响程度各不相同，生态安全的条件也不相同。若用生态安全系数来衡量生态安全程度，则生态安全的保证程度就不同。因此，生态安全可以通过建立反映生态因子及其综合体系质量的评估指标，来评价某一区域或国家的安全状况。一个要素、区域和国家的生态安全不是一成不变的，它可以随环境变化而变化，即生态因子变化，反馈给人类生活、生存和发展条件，导致安全程度的变化甚至由安全变为不安全（陈国阶，2002）。

3. 安全的可调控性

生态安全强调以人为本，其标准是以人类所要求的生态因子质量来衡量的。影响生态安全的因素很多，只要其中一个或几个因子不能满足人类正常生存和发展的需求，就表现为生态不安全。对于不安全的状态、区域，人类可以通过整治措施加以减轻、解除，变不安全因素为安全因素。生态安全的威胁往往是来自于人类本身的活动，人类活动引起环境的破坏，导致自己所处的生态系统形成对自身的威胁。解除这种威胁，人类需要付出代价，维护生态安全需要成本，需要投入（陈国阶，2002）。

3.4 区域复合生态系统安全研究的系统方法论

面对开放、动态、复杂的区域复合生态系统所可能出现的空前严峻的安全威胁，安全系统工程为复合生态系统安全研究提供了理论基础。安全系统工程是在系统思想指导下，运用先进的系统工程的理论和方法，对安全及其影响因素进行分析和评价预警，建立综合集成的安全防控系统并使系统安全性达到最佳状态。简言之，就是在系统思想指导下，运用系统工程的原理和方法进行的安全工作的整体。

按照系统工程的理论体系，安全系统工程则可以看作是系统工程的一个分支，复合生态系统安全作为安全系统工程的一个具体应用，横向属于系统科学和管理科学的范畴，纵向属于生态环境系统工程的范畴，是实现复合生态系统安全的一整套管理程序和方法体系。系统方法论研究结果，目前可用于生态系统安全研究的系统方法论有四种，分别是西方系统方法论的硬系统方法论、软系统方法论、批评性系统方法论和东方系统方法论的 WSR 方法论。

3.4.1 硬系统方法

硬系统方法论认为系统是客观存在的实体，各种系统在一定条件下都存在最优的内部结构，人可以从系统外部对系统进行客观的分析。通过分析研究，人们可以发现系统内各部分间的相互作用规律，并以此为基础实现对系统运行的预测和控制（高军和赵黎明，2003）。硬系统方法论的典型代表是霍尔三维结构法，是美国系统工程专家霍尔（Hall）于 1969 年提出的一种系统工程方法论。

美国学者霍尔提出的系统工程的三维结构是影响较大而且较完善的方法，其特点是强调明确目标，认为对任何现实问题都必须而且可能弄清其需求，其核心内容是最优化，其三维分别是时间维、逻辑维、知识维（专业维），如图 3-9 所示。其中，时间维表示系统工程活动从开始到结束按时间顺序排列的全过程，分为规划、拟订方案、研制、生产、安装、运行、更新七个时间阶段；逻辑维表示将开展工作的思维过程展开，分为明确问题、确定目标、系统综合、系统分析、评价、决策及实施六个逻辑步骤；知识维列举需要运用包括工程、医学、建筑、商业、法律、管理、社会科学、艺术等各种知识和技能。霍尔三维结构体系形象地描述了系统工程研究的框架，对其中任一阶段和每一个步骤，又可进一步展开，形成分层次的树状体系。

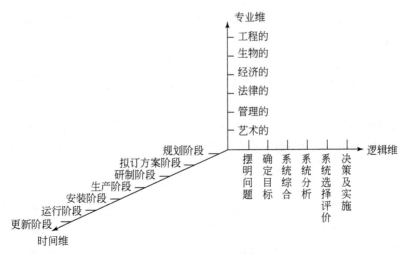

图 3-9　霍尔三维结构

3.4.2　软系统方法论

与硬系统思想相反，软系统思想认为对社会系统的认识离不开人的主观意识，社会系统是人主观构造的产物。软系统方法论的任务就是提供一套系统方法，使得在系统内的成员间开展自由、开放的辩论，从而使各种世界观得到表现，并在此基础上达成对系统进行改进的方案，其核心是比较或学习，即从模型和现状的比较中来改善现状的途径。软系统方法的典型代表是 Checkland 的软系统方法论（Jackson，1982），其程序结构如图 3-10 所示。

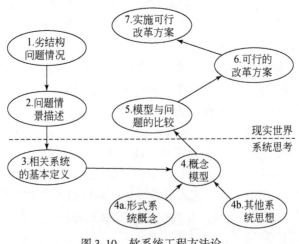

图 3-10　软系统工程方法论

软系统工程方法论是针对不良结构问题而提出来的，这类问题往往很难用数学模型表示，通常只能用半定量、半定性甚至只能用定性的方法来处理，主要是吸取人们的判断和直觉，因此，在解决问题时更多地考虑了环境因素与人的因素。

3.4.3 批评性系统方法论

20 世纪 80 年代后期，出现了对当时存在的各种系统方法论重新评价的趋势，主要是对各种系统方法论的理论假设、应用范围，以及如何应用这些方法论来具体解决社会问题等进行深入分析。在这一过程中，产生批评性系统思想，并在此基础上创立批评性系统方法论，如 Flood 和 Jackson（1991）的全面系统干预（total systems intervention，TSI）和 Ulrich（1983）的社会规划批评性试探法（critical heuristics of social planning）等。

全面系统干预的环状逻辑步骤由三个阶段：创造、选择和实施组成。创造阶段的工作是根据系统隐喻，找出对组织混乱的问题情景有洞察力的系统隐喻及要处理的议题。选择阶段的工作是，挑选与系统隐喻匹配的主要系统方法论与辅助系统方法论。实施阶段的工作是，用选出的方法论干预问题情景，提出组织变革的建议。其逻辑步骤如图 3-11 所示。

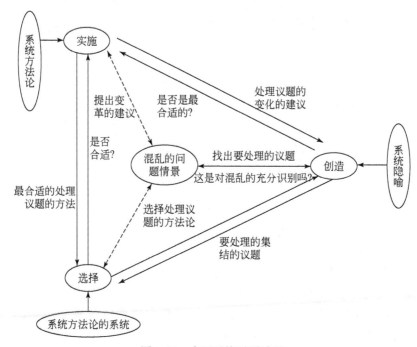

图 3-11　全面系统干预过程

3.4.4 物理-事理-人理 (WSR) 方法论

20世纪70年代末，我国科学家钱学森等提出"相对于处理物质运动的物理，运筹学也可以叫做'事理'"，将系统工程和运筹学等看成"事理"；许国志 (1981) 认为事理与国际上运筹学中的运筹理论相对应；宋健 (1981)、甘华鸣 (1995)、张锡纯 (1997) 等学者相继对事理进行论述，提出"事理系统工程"和"事理学"等。

1994年，中国著名系统科学专家顾基发教授和朱志昌博士，在英国 HULL 大学提出物理 (wuli) -事理 (shili) -人理 (renli) 方法论 (简称 WSR 方法论) (顾基发等，2007)。它既是一种方法论，又是一种解决复杂问题的工具。在观察和分析问题时，尤其是观察分析具有复杂特性的系统时，WSR 体现其独特性，具有中国传统的哲学思辨，是多种方法的综合统一。

WSR 方法论认为，现有的系统理论和方法尽管表面上看来物理结构和事理结构清晰，理论上分析问题方法科学可行，但实践效果却不尽如人意，主要原因是现有方法论忽视了或不清楚人理而事倍功半。传统的系统分析方法适合解决结构化的问题，或者说机械性、可还原的问题，而对于现实中存在的非结构或者半结构的问题，如社会、经济、环境和管理问题等，完全依赖于"硬"方法或"软"方法是不够的，并不能完全解决问题。

1. WSR 方法论的主要内容

WSR 系统方法论是物理、事理和人理三者如何巧妙配置有效利用以解决问题的一种系统方法论。WSR 的方法论哲理和理念的基本核心是在处理复杂问题时既要考虑对象的物的方面 (物理)，又要考虑这些物如何更好地被运用的事的方面 (事理)，最后由于认识问题、处理问题和实施管理与决策都离不开人的方面 (人理)，把"物理-事理-人理"作为一个系统，达到懂物理、明事理、通人理。

WSR 方法论是研究解决复杂问题的有力工具，是包含许多方法的总体方案，是众多方法的综合统一。WSR 方法论根据实践活动的不同性质，将方法库层次化、条理化、系统化、规范化。WSR 方法论包括物理、事理、人理三个方面，主要内容如表 3-1 所示。

在 WSR 方法论中，"物理"指涉及物质运动的机理，包括狭义的物理和化学、生物、地理、天文等。通常要用自然科学知识回答"物"是什么，如描述自由落体的万有引力定律、遗传密码由 DNA 中的双螺旋体携带、核电站的原理是将核反应产生的巨大能量转化为电能 (顾基发等，2007)。

表 3-1 物理、事理、人理系统方法论内容

项目	物理	事理	人理
对象与内容	客观物质世界； 法则、规则	组织、系统； 管理和做事的道理	人、群体、关系； 为人处世的道理
焦点	是什么； 功能分析	怎样做； 逻辑分析	最好怎么做； 可能是； 人文分析
原则	诚实； 追求真理	协调； 追求效率	讲人性、和谐； 追求成效
所需知识	自然科学	管理科学、系统科学	人文知识、行为科学

资料来源：顾基发，唐锡晋．2006．物理-事理-人理系统方法论．上海：上海科教出版社

"事理"指的是事物的机理。事理主要是理解和观察世界怎样被建模和管理。通常用到运筹学与管理科学方面的知识来回答"怎样去做"。它包括对一个特定的系统创造或选择最合适的定义和模型，以表明系统可以被有效地、高效率地管理，并因此改善所涉及的环境。建模的过程中包含人的主观性，它与人的认知能力、经验、偏好、动机、所受的训练和背景等有关，但最终目的是要得到该事物的客观的、合理的机理模型（马继辉等，2007）。

"人理"指做人的道理，主要关注系统中涉及的所有人们主观上的相互关系。利用人文与社会科学的知识去回答"应当怎样做"和"最好怎么做"的问题。在具体实践中，任何"事"和"物"的系统分析都离不开人去做，判断事和物是否应用得当，也由人来处理，所以系统实践中人的因素是必要的。在处理认识世界方面可表现为如何更好地认识事物、学习知识，如何激励人的创造力、唤起人的热情、开发人的智慧。"人理"也表现在对物理与事理的影响。

张彩江和孙东川（2001）在综合分析多种对 WSR 方法论的不同理解后，提出对物理、事理、人理的精简定义：物理是指问题处理过程中人们面对的客观存在，是物质运动的规律总和；事理是指问题处理过程中人们面对客观存在及其规律时介入的机理；人理是指问题处理过程中所有人与人之间的相互关系及变化过程。

2. WSR 方法论的工作过程和原则

WSR 系统方法论的内容易于理解，而具体实践方法与过程应按实践领域与考察对象而灵活变动。WSR 方法论一般工作过程可分为：理解意图、制定目标、调查分析、构造策略、选择方案、协调关系、实现构想。在理解用户意图后，实践者将会根据沟通中所了解到的意图、简单的观察和以往的经验等形成对考察对

象一个主观的概念原型，包括所能想到的对考察对象的基本假设，并初步明确实践目标，以此开展调查工作。因资源（人力、物力、财力、思维能力）有限，调查不可能是漫无边际、面面俱到，而调查分析的结果是将一个粗略的概念原型演化为详细的概念模型，目标得到了修正，形成策略和具体方案，并提交用户选择。只有经过真正有效的沟通后，实现的构想才有可能为用户所接受，并有可能启发其新的意图。这些步骤不一定严格依照图中所描述的顺时针顺序，协调关系始终贯穿于整个过程。协调关系不仅仅是协调人与人的关系，而且是协调每一步实践中物理、事理和人理的关系；协调意图、目标、现实、策略、方案、构想间的关系；协调系统实践的投入（input）、产出（output）与成效（outcome）的关系。这些协调都由人完成，着眼点与手段应根据协调的对象的差异而有所不同（胡玉奎，1988）。

在运用 WSR 方法论时，我们通常注重遵循下列原则（胡玉奎，1988）：①综合原则：要综合各种知识，因此要听取各种意见，取其所长，互相弥补，以帮助获得关于实践对象的可达的想定（scenario），这首先期望各方面相关人员的积极参与。②参与原则：全员参与，或不同的人员（或小组）之间通过参与而建立良好的沟通，有助于理解相互的意图、设计合理的目标、选择可行的策略，改正不切实际的想法。实际中，常常是有些用户以为出钱后就是项目组的事，不积极参与，或者有的项目组对大概的情况了解后就不与用户联系而去闭门造车，这样的项目十之八九会失败，因此成立项目小组和总体协调小组都需要相应的用户方的参加。③可操作原则：选用的方法要紧密地结合实践，实践的结果需要为用户所用。考虑可操作性，不仅考虑表面上的可操作性，如友好的人机界面等，更提倡整个实践活动的可操作性，如目标、策略、方案的可操作性，文化与世界观对这些目标策略可操作性的影响，最后实现结果是否为用户所理解和使用，可用的程度有多大。④迭代原则：人们的认识过程是交互的、循环的、学习的过程，从目标、策略、方案到结果的付诸实施体现了实践者的认识与决策、主观的评价、对冲突的妥协等，所以运用 WSR 的过程是迭代的。在每一个阶段对物理、事理、人理三个方面的侧重亦会有所不同，并不要求在一个阶段三者同时处理妥当。系统实践中对于极其复杂的没有经验的情况，需要"摸着石头过河"，付出一些代价是难免的，不可能洞察一切，但实践人员应尽可能地做到事前想周全。

3.4.5 区域复合生态系统安全研究方法的选择

分析以上常见的系统工程方法论对区域复合生态系统安全研究的适宜性：

（1）硬系统方法论认为在问题研究开始时定义目标是很容易的，因此没有为目标定义提供有效的方法。但对复合生态系统安全管理中，目标定义本身就是需要解决的首要问题；硬系统方法论没有考虑系统中人的主观因素，把系统中的人与其他机械因素等同起来，忽视复合生态系统安全控制中人的主观认识；硬系统方法论认为只有建立数学模型才能科学地解决问题。但对包含社会系统的区域复合生态系统来说，建立精确的数学模型往往是不现实的，而且即使建立数学模型，也会因建模者对问题认识上的不足而不能很好地反映其特性，因此通过模型求解得到的方案往往并不能解决问题（Engle and Yoo，1987）。因此，硬系统方法论在研究区域复合生态系统安全问题时具有一定的局限性。

（2）软系统方法论认为在对问题的辩论中，人们的各种世界观最终是可以统一的。但这一认识是片面的，对于生态安全状态的认识和评估是有差异的，而且这种差异性是客观存在的；软系统方法论认为系统只是存在于人的主观认识中。然而事实上，复合生态系统虽有人的参与，但人们并不一定是完全有意识地进行创造。因此，正像硬系统方法论一样，软系统方法论的应用领域也有一定的限制范围，对于复合生态系统安全研究超出了其研究能力。

（3）批评性系统方法论还没有能力解决在根本利益遇到冲突时的这类问题。当一个利益集团控制着其他利益集团时，批判性系统方法论很难在坚持其基本思想的同时，继续其辩论、改进活动；批评性系统方法论所依据的概念有些含糊。对 TSI 方法论而言，在创造性阶段，认为可以通过五种比喻对系统进行描述。但对为什么选择这五种比喻以及如何创造性地运用它们，TSI 还没有对此作出进一步的分析（Midgley，1997）。因此，批评性系统方法也不适合区域复合生态系统安全研究。

（4）WSR 方法论具有"先整体认识，再分层研究，后综合解决"的应用特点，同时也渗透了"从定性到定量综合集成"的系统方法论思想。针对生态安全研究中多视角、多层次、多维度的特性，从系统科学的视角，运用 WSR 的理论和方法对生态安全进行系统分析，一方面有利于分层次梳理和认识生态安全的本质内涵、研究内容和研究方法等，另一方面能为制定保障安全战略和策略等具体实践工作提供科学依据。

3.5　区域复合生态系统安全的 WSR 分析模型

复合生态系统安全是生态环境问题不对人类社会的生存构成危险和威胁的状态，其研究目标是人类社会的生存免于生态环境问题的危险和威胁，其研究对象是社会–经济–自然复合生态系统的安全性问题。

3.5.1 区域复合生态系统安全研究内容

复合生态系统安全研究内容包括生态系统安全本质、安全的概念、安全的特性、研究内容的范围、安全作用机理、安全评价、安全预警、安全调控、安全保障等内容，从理论和管理实践，可将以上研究内容划分为区域复合生态系统安全理论研究和生态安全系统管理研究两大部分，其涉及的相关理论主要有系统理论、安全管理、系统预测、系统决策等。区域复合生态系统安全研究内容的概念模型如图 3-12 所示。

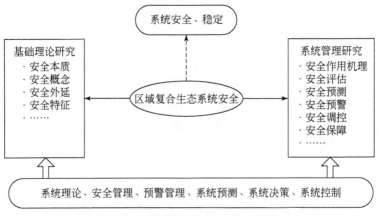

图 3-12　区域复合生态系统安全研究的内容

复合生态系统安全理论研究是对研究对象本质的认识和分析，是对复合生态系统安全的科学内涵等基本问题的研究，其具体研究内容包括：复合生态系统、复合系统安全的本质、复合生态系统安全的概念、系统安全的内涵和外延、系统安全的特征等，这是复合生态系统安全研究的前提和基础。

3.5.2 区域复合生态系统安全分析模型

生态安全管理的宗旨不是单纯头痛医头地治理污染、强化控制，而是从深入了解系统脆性的生态动力学机制出发，运用生态控制论方法调理系统结构、功能，诱导健康的物质代谢和信息反馈过程，强化系统服务功能，控制和降低系统脆性，保证系统安全稳定状态。生态安全是动态、进取的而不是回归、保守的。生态安全要求环境的稳定与系统的发展，要求环境与经济的协同进化或可持续发展。

复合生态系统安全管理主要包括安全机理分析、安全评估、安全预警、安全调控和安全保障管理。复合生态系统安全管理研究是在系统理论和方法指导下，从系统整体优化和整体协调出发，按照安全系统本身所特有的性质和功能，研究社会系统与自然系统、经济系统与自然系统、各子系统与各要素之间、各系统要素之间等相互作用、相互依赖、相互协调的关系，以反映系统安全作用机理和规律的本质；根据安全管理目标，应用系统建模方法、系统预测方法、决策方法以及从定性到定量综合集成方法，对复合生态系统安全进行科学合理的预警管理；最后，为确保以上管理方法有效运行，约束和调整生态安全系统的主体人的行为，需要建立相应的规章、制度和法规等，即复合生态系统安全的保障机制。

从系统工程角度看，以上分析的生态安全管理研究内容可以总结为安全对象认识、安全管理方法和安全保障制度三个方面，这正是 WSR 方法论所对应的物理、事理和人理。应用 WSR 方法论，需要回答生态安全"是什么"、"怎么做"和"最好怎么做"的问题。通过对复合生态系统安全的系统分析，认为"是什么"关注的是区域复合生态系统的作用机理；"怎么做"就是复合生态系统安全管理方法，其主要手段是安全预警管理；"最好怎么做"是通过安全保障体系，约束和调整人们的行为和利益关系，主要是通过法律、制度等手段和方法，建立生态安全保障体系，确保复合生态系统安全。基于 WSR 方法论的区域复合生态系统安全三维分析模型如图 3-13 所示。

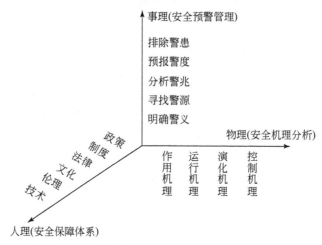

图 3-13　区域复合生态系统安全的 WSR 分析模型

根据 WSR 分析模型，可将区域复合生态系统安全管理分为安全作用机理、安全预警管理和安全保障机制三大研究内容，如图 3-14 所示。

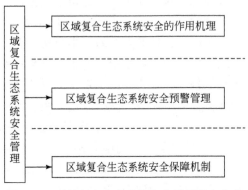

图 3-14　区域复合生态系统安全管理研究内容

1. 区域复合生态系统安全作用机理分析

从"物理"层面看，复合生态系统安全研究首先要明确研究对象，即研究"是什么"的问题。复合生态系统安全的本质、复合生态系统安全的概念、复合生态系统安全的内涵和外延、复合生态系统安全系统运行机理等都属于复合生态系统安全的物理因素。

2. 区域复合生态系统安全预警机制

在对复合生态系统安全的对象，即社会–经济–自然复合生态系统状态认识的基础上，需要对生态系统的运行状态进行提前预测、报警和控制管理，研究适合复合安全的管理方法，这就是复合生态系统安全的"事理"层面所要考察和研究的。复合生态系统安全预警，是在人类社会–环境系统运行过程中，采用科学的方法和模型，通过反映复合系统安全的数据资料进行分析，对系统的发展变化情况进行预测，以便在系统运行偏离稳定状态之前发出警报，使得生态环境管理决策者可以采取适当调控措施，把生态危机扼杀在萌芽状态的一种机制。复合生态系统安全预警的目的在于揭示生态环境不安全因素形成的早期征兆，辨识安全水平，并以此作出判断和发出警示，为采取生态环境安全预防和控制对策提出决策依据。复合生态系统安全预警的作用在于超前反馈、及时布置、防患于未然。

3. 区域复合生态系统安全保障体系

生态安全问题主要由自然灾害和人类活动引起，人是生态安全系统的主体，也是唯一具有能动性的主体，因此，生态安全问题的解决只能依靠人来解决。在对生态安全的科学认识和预警分析的基础上，最终需要通过各种制度措施调控和预防生态危机的发生，以保障生态安全，这是复合生态系统安全的"人理"层面需要考虑的问题。保障生态安全的制度有多种，但是最为关键和有效的制度就是法律，即通过环境立法来约束人类行为。环境立法是由国家立法机关，依照法定程序，制定、修改或废止各种有关保护和改善环境，合理开发利用自然资源，防治环境污染和其他公害的规范性法律文件活动的总称。其目的是保护和改善生活环境与生态环境，防治污染和其他公害，保障人体健康，促进社会主义现代化建设。保障国家生态环境安全，实现人类社会和生态环境的可持续发展，是生态安全保障体系的出发点和归宿点。

基于 WSR 方法论，形成安全机理分析、安全预警管理、安全保障体系的区域复合生态系统安全管理的研究体系，作为本书后续章节的研究框架体系和研究思路。

3.6 本章小结

本章在系统理论和系统工程方法指导下，提出以系统方法对区域生态安全进行研究的思路，从研究对象分析、安全本质分析、生态安全概念定义、研究内容、研究方法多个方面，构建了区域复合生态系统安全研究的理论体系。区域复合生态系统安全研究包括理论研究和安全系统管理研究两个方面，对安全系统管理，可采用 WSR 方法论从安全作用机理、安全预警管理、安全保障机制三个方面进行分析。基于系统视角下的区域复合生态系统安全研究框架的建立，为解决当前生态安全问题提供了新思路，是本书的研究体系框架。

第4章　区域复合生态系统安全机理分析

复合生态系统安全机理是揭示对生态构成威胁的不安全因素作用传递与演变过程的规律。不同的机理认识分析必然会导致不同的安全认识和管理方法，直接涉及如何构建生态安全预警指标体系、如何构建生态安全预警机制和保障生态安全制度等，因此，生态系统安全机理分析是区域复合生态安全研究的基础和关键。机理或机制的字面意义是指完成共同功能的部件、过程等的组合方式。目前对生态安全的研究主要集中在概念定义、安全评价等，但是对于生态安全机理并未做深入研究，揭示安全机理是生态复合系统的安全问题的系统认识分析，是一项复杂的研究工作。王耕从隐患因素角度对复合生态系统安全机理进行分析，为生态安全机理研究奠定了一定的基础（王耕和吴伟，2006）。

复杂系统的崩溃（安全问题恶化结果）是系统的脆性被激发的表现形式（金鸿章，2010）。复杂系统脆性的研究对象是考察系统的某一元素受外界干扰引起崩溃后，其他系统和整个系统的变化过程。其研究核心是不确定环境中各个元素之间、元素与整体之间、元素与环境之间以及整体与环境之间的关系，是针对复杂系统安全性的研究。一个系统运行在一个安全状态下，当系统内部或外部的脆性源不断，子系统或系统部分崩溃的数量逐步增多，必然会导致系统的稳定性能直线下降，当整个系统的脆性度达到临界值，整个系统便失去正常的功能，这时系统的脆性被激发了，系统由安全状态向不安全状态转化。对区域复合生态系统而言，脆性在一定条件下可以在任何系统中发生，最终导致生态危机，这正是生态安全所要研究问题的核心。

本章将脆性理论应用到区域复合生态系统安全机理分析中，从系统脆性模型建立、生态系统安全脆性认识、安全机理分析和动态演化仿真等几个方面展开研究，试图揭示区域复合生态系统安全的本质和作用机理。

4.1　区域复合生态系统的脆性模型

脆性（brittleness）是材料（玻璃、生铁、砖等）在断裂前未觉察到的塑性变形的一种性质，它在字典中的定义为："物体受拉力或冲击时，容易破碎的性质。"脆性是复杂系统在产生和发展过程中客观存在的现象，而且是隐形的，不易被察觉。它是复杂系统的一个基本特性，随着系统的演化而发生变化。复杂系统的脆性是导致系统在受到外界打击时崩溃的根本原因，同时也是推动原有系统进化的根本动力（金鸿章等，2004）。

4.1.1 区域复合生态系统脆性

对于区域复合生态系统，由于受到人类活动或者自然现象因素的作用，而使生态系统中某个子系统或者部分系统原来的有序状态被破坏，形成一种相对无序的状态，最终导致整个系统失去其正常的部分功能，此时，我们称区域复合生态系统崩溃。

在区域复合生态系统中存在着其他系统与崩溃子系统之间的物质和信息交换，从而有可能引起崩溃的连锁反应，造成更多的子系统的崩溃，而子系统崩溃数目的增多就很有可能导致整个复合生态系统的崩溃，进而复合生态系统的脆性被激发，复合生态系统所具有的这种特征称为复合生态系统脆性（吴红梅，2006）。

1. 区域复合生态系统脆性的定义

区域复合生态系统的脆性是指：在一定时空范围内的复合生态系统 S 中，存在一个生态子系统或部分系统 S_i，对外界作用具有强烈的敏感性，当 S_i 受到内外因素（包括信息、物质流等因素）的扰动或攻击而崩溃时，引起其他部分或子系统也发生崩溃，进而导致整个复合系统崩溃（林德明，2007）。对于复合系统具有的行为特性，其数学描述为：

对于区域复合生态系统 S，由 S_i（$i=1$，2，3）组成，且 S_i 的状态用 $x_i(t) \in K \subset R^n$ 表示。如果存在一个子系统 S_b，当它的结构或状态发生变化，使得 $x_b \in B$ 时，则有

$$\lim_{t \to \infty} \delta(S) = \infty \tag{4.1}$$

则称复合生态系统 S 具有脆性，子系统 S_b 为脆性源，B 是子系统 S_b 的一个崩溃域，$x_b \in B$ 表示子系统 S_b 崩溃；$\delta(S)$ 是整个复合生态系统 S 的一个性能指标。

换言之，对于某区域复合生态系统 S，子系统状态向量表示为 $x(t) = \{x_1(t)，x_2(t)，x_3(t)\}$，$x_i(t)$ 表征第 i 个子系统的状态向量，$x_i(t)$ 中每个元素表示复合生态系统相对于某个子系统所对应的状态。复合生态系统运行时，集合 $K \subset R^n$，$\forall x_i(t) \in K$，$1 < I < n$，$n \in N$，$\forall t \geq 0$，若 $\exists n_0 \subset N$，当 $n > n_0$ 时，干扰 $r(t)$ 作用于某子系统 $x_i(t)$，使 $x_i(t) \notin K$，在时刻 t_0，子系统 $x_i(t)$ 作用于另一个子系统 $x_j(t)$，使 $x_j(t) \notin k$，$j \neq i$，$1 < j < n$，若存在 t_1 时刻，且 $(t_1 \geq t_0)$，整

个复合生态系统崩溃，则称复合生态系统具有脆性且被激发（韦琦，2004）。n_0 个子系统称之为整个复合系统的关键子系统。这 n_0 个关键子系统根据整个复合生态系统功能的不同而不同的，区域复合生态系统崩溃也是相对于其某一个功能而言的（吴红梅，2006）。

2. 区域复合生态系统脆性要素

一个开放的区域复合生态系统脆性基本单位是生态系统脆性源、生态系统脆性接收者、生态系统脆性联系，总称区域复合生态系统脆性基元。脆性基元是复合生态系统脆性行为研究的基本单元，当某个生态脆性源激发时，若有一个脆性接收者发生脆性传递，则称这个过程为脆性过程。

复合生态系统脆性源：在复合生态系统内，由于人类社会活动或者自然灾害因素干扰，最先崩溃的子系统或者部分系统为脆性源，脆性源的崩溃导致其他子系统或者部分系统的崩溃。

根据复合生态系统中各系统和因素作用方式不同，可以将复合生态系统脆性源分为直接脆性源和间接脆性源。对外界干扰有很强敏感性、容易崩溃，而且可能引起整个系统崩溃的生态子系统或部分子系统称为直接脆性源。在复合生态系统中，直接脆性源可能有多个，可能是多个脆性源共同作用（林德明，2007）。在区域复合生态系统崩溃的过程中除了直接脆性源以及最终崩溃的子系统外，其他系统称为间接脆性源。

生态系统脆性接收者：指受到其他生态子系统或部分系统崩溃的影响而崩溃的子系统或部分系统称之为脆性接收者。在复合生态系统中，脆性源及脆性接收者并不是唯一的。对于间接脆性源而言，它既是脆性源又是脆性接收者。

生态系统脆性过程：当某个生态系统脆性源被激发时，存在（至少有一个）脆性接收者发生脆性作用，称这个过程为生态系统脆性过程。生态系统脆性过程如图 4-1 所示。

图 4-1　区域复合生态系统脆性源与脆性接收者的关系

脆性源和脆性接收者并不是唯一的，存在以下几种情况，即一个脆性源对应多个脆性接收者；一个脆性源对应一个脆性接收者；多个脆性源对应一个脆性接收者。若使得某个脆性接收者的脆性过程能够发生，就要考虑能够使其发生的各种可能的脆性源。这些脆性源可以分为三种情况：将那些对此脆性接收者的脆性过程的发生起决定作用的脆性源称为主脆性源；将那些对此脆性接收者的脆性过程的发生没有影响的脆性源称为非脆性源；将其余的脆性源称为此脆性接收者的亚脆性源。若使得某个脆性源的激发，能够使脆性过程发生，就要考虑那些能够对此脆性源的激发产生响应的各种脆性接收者的情况。这些脆性接收者也可以分为三种情况：将那些对此脆性源的激发有一定响应的脆性接收者称为主脆性接收者；将那些对此脆性源的激发没有响应的脆性接收者称为非脆性接收者；而将其余的与此脆性源有关联的脆性接收者称为亚脆性接收者（郭健，2004）。

3. 区域复合生态系统崩溃

对于区域复合生态系统是否崩溃的衡量，可以用脆性度描述子系统是否发生崩溃的特征量（闫丽梅等，2004）。如果某个复合生态子系统发生崩溃，则此子系统的脆性度为1，意味着此子系统将会对与之联系紧密的子系统有影响，即脆性有可能被激发。而脆性度为0，则意味着该子系统不会对其他子系统产生影响，即脆性不被激发（吴红梅等，2008）。脆性度 C 表示为

$$C = \begin{cases} 1, & \text{系统崩溃} \\ 0, & \text{系统稳定} \end{cases} \qquad (4.2)$$

区域复合生态系统在没有崩溃时，系统内部也是存在着脆性的，而只用脆性度为0是没有办法衡量脆性度的，为了解决这个问题，将脆性度的定义扩展到 [0, 1] 区间，这里给出定义。

子系统脆性度：区域复合生态系统 S 由 n 个子系统 S_i（$i=1$, 2, 3）组成，那么子系统 S_i（$i=1$, 2, 3）的脆性度定义为，若子系统 S_i 崩溃，则该子系统引起整个系统崩溃的概率 p_i，称为子系统 S_i 的脆性度，且 $\sum_{i=1}^{n} p_i = 1$。

区域复合生态系统脆性：若区域复合生态系统 S 受外界干扰，崩溃的子系统不止一个，那么对于这些崩溃的子系统都存在一个子系统脆性度，但在这些子系统崩溃的共同作用下，复杂系统崩溃的概率为 P_i，则定义 P_i 为复合生态系统的脆性度。

4. 区域复合生态系统脆性的特性

脆性是区域复合生态系统的一个基本特性，始终伴随着生态系统存在，并不会因为系统的进化或外界环境的变化而消失。区域复合生态系统脆性具有以下特性（韦琦等，2003）：

（1）隐藏性：区域复合生态系统的脆性在平时并不表现出来，是不为人们所认知的。只有在受到足够强度的外部干扰作用时才表现出来。在区域复合生态系统内，脆性随时都可能被激发出来。随着区域复合生态系统的不断演进，脆性被激发的可能性也随之变化，系统的进化越趋于有序，它的脆性越易被激发。

（2）伴随性：仅当一定的外界激励或者干扰作用于区域复合生态系统中的一部分（系统）时，并且在一定条件之下使之崩溃后，其他与这个崩溃的系统有脆性联系的系统，会因为伴随的脆性而发生崩溃。

（3）作用结果的表现形式的多样性：由于开放的区域复合生态系统自身的进化方式以及外界环境的复杂多变，系统的脆性成分的状态变化多端，激发脆性方式也多种多样，脆性使系统产生损失的结果也不同。

（4）作用结果的严重危害性：区域复合生态系统的崩溃是从有序到无序的，从正常的工作状态到混乱的工作状态。因此，区域复合生态系统的脆性在一定的时间段内是有危害性的。区域复合生态系统关系到国计民生，一旦崩溃，经济政治影响十分严重。

（5）子系统之间的非合作博弈是区域复合生态系统脆性的一个根源：区域复合生态系统在脆性的作用下，表现为熵增。子系统之间为了争夺有限的负熵资源，降低其熵值，它们之间必然是非合作博弈的。

（6）连锁性：当一个系统在干扰下崩溃，由于系统伴随的脆性，与之脆性相关的其他系统相继崩溃。

（7）延时性：因为区域复合生态系统具有开放性和自组织性，所以当系统受到外力的突然打击时，它会尽力维持它原有的状态，因此从遭受外力到系统崩溃会有一段延时。

（8）整合性：脆性是区域复合生态系统作为一个整体才有的属性。如果只在微观上考虑一个子系统，则是无法体现脆性的。

4.1.2　区域复合生态系统脆性结构模型

根据复杂系统脆性的定义，李琦等学者从内因和外因两方面入手，建立一种包含外部环境输入和系统内部组成的复杂系统脆性结构模型（李琦等，2005）。他们认为，复杂系统脆性结构模型是建立在可变性和不确定性作为主要特性基础上的，其脆性结构的要素有脆性风险（系统崩溃）、系统结构、脆性事件、脆性因素，其中脆性因素可以进一步分解为基本的脆性因子。因此，复杂系统的脆性结构模型是由脆性风险（系统崩溃）、系统结构、脆性事件、脆性因子组成的四层结构。脆性事件是可能导致系统崩溃的、由脆性因子构成的可能事件，以一定的概率可能作用于系统上，构成在某一时刻上系统的外部环境。脆性因子是根据系统内外条件而辨析出来的导致系统脆性的根本因素，因子与因子之间可能具有相互关联性。它可根据相关数据和模型辨识出来。

区域复合生态系统是一个典型的复杂系统，其脆性成为区域复合生态系统安全的主要影响因素和研究视角。按照上述复杂系统脆性理论的观点，区域复合生态系统是由众多复杂的子系统组成的。区域复合生态系统的安全性，是指由于外因和内因的作用使内部各个子系统功能耦合、互相适应的复合生态系统稳健性状态受到破坏，系统结构出现非均衡导致风险积聚，系统丧失部分或全部功能的状态，主要通过社会系统、经济系统、资源系统、环境系统的子系统功能和相互作用体现出来。从自然生态系统的演化过程来看，自然生态系统即使没有受到外部冲击，适应态也只能保持一段时间，各子系统之间的不适应迟早会出现。人类在参与系统演化作用过程中，作为具有能动性的主体，是最具有导致系统脆性发生和控制脆性过程的主体，使系统不断趋于安全状态。区域复合生态系统安全问题实质上是区域复合生态系统丧失或部分丧失其基本功能。

从脆性分析的角度来看，区域复合生态系统脆性同非线性、层次性、涌现性一样，是复合生态系统的重要属性，其具体表现为复合系统在某种条件下的局部脆性发生和整个系统崩溃，最终引起生态危机的爆发。因此，本书定义区域复合生态系统运行过程中这种突然崩溃的风险为区域复合生态系统脆弱性风险。

利用复杂系统脆性结构模型，分层次地把区域复合生态系统内部组织结构、外部环境及其作用方式结合起来分析，将区域复合生态系统脆弱性结构模型分为四层结构模型：复合系统脆性风险、系统结构、脆性事件集、脆性因子集，如图4-2所示。

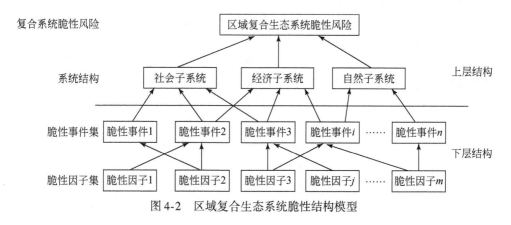

图4-2　区域复合生态系统脆性结构模型

各个脆性因子（它们中某些可能具有某种关联）组成了系统的脆性事件（它们中某些也可能具有某种耦合关系），脆性事件以某种概率作用于系统，通过系统内部各个子系统的相互脆性联系，使系统脆性得以放大或减小，最后系统以一定的概率发生崩溃。其中，上层结构是复合系统风险的内因，其包括系统的脆性风险和系统的自身结构，就系统的脆性被激发过程而言，外在表现为系统自身的突然崩溃；下层结构是其外因，包括直接导致系统崩溃的脆性事件和包含于这些脆性事件中的脆性因子，是系统崩溃的深层次原因（李琦等，2005）。

由图 4-2 可以看出，下层模型是由系统的脆性事件集和脆性因子共同构成的。系统的脆性事件是某一时间段内外部环境中所有可能导致系统崩溃的事件集。假设某区域复合生态系统 S 有 m 个脆性事件 $I = \{I_1, I_2, \cdots, I_m\}$，脆性事件 I 发生的概率为 P_i，$0 \leqslant P_I \leqslant 1$，在脆性事件 I_i 作用下系统崩溃的概率为 P_i，$0 \leqslant P_I \leqslant 1$。系统在脆性事件 I_i 作用下崩溃的期望为 $E[RI_i] = P_i p_i$，（$i = 1$，2，$\cdots$，m），则系统的脆性风险为：

$$E\left[\sum RI_i\right] = E[RI_1] + E[RI_2] + \cdots + E[RI_m] \tag{4.3}$$

线性叠加的成立需由各个脆性事件的无关性来保证。但在实践中，我们知道脆性事件总是存在各种各样的联系，而且脆性事件间的耦合关系常常复杂多变，难以定量地进行解耦分析处理，因而要对具体脆性事件进行分析和预测几乎是不可能的。所以在实践中，我们一般应先对系统脆性事件进行分析，把其中的基本脆性因子辨识出来（脆性因子与脆性因子之间可能具有不同形式的相互关联）。根据不同因子的危害性，再结合因子的其他约束信息，建立相关脆性风险模型，得到系统的脆性风险分布。相对脆性事件，脆性因子具有稳定性，容易进行处理和分析。

脆性因子对系统的作用主要体现在具有使系统突然崩溃的能力上，影响脆性因子的作用能力的因素主要有：①系统对脆性因子的作用的敏感性程度；②系统自身对脆性因子的破坏作用的恢复能力。

脆性因子可以分为主要脆性因子和次要脆性因子。主要脆性因子是指那些出现概率较大的、与其他因子关联较紧的、危害程度较高的因子；次要脆性因子是指那些出现概率较小的、与其他因子关联较松散的、危害程度较低的因子。一个脆性因子可以包含于多个不同的脆性事件中。脆性事件中包含一个以上的脆性因子，是脆性因子作用于系统的媒介，构成系统的外部脆性环境。不同的脆性事件之间可能存在复杂的耦合关联，脆性事件具有多变性、不稳定性、可重复性、相互关联性等特性。在上层结构模型中，由系统的自身结构和系统的脆性风险共同构成，系统的自身结构不仅包括系统内部的各个子系统这一硬部，还包括各个子系统之间的各种结构关联这一软部。各个子系统之间存在各种复杂的关联关系，根据试验和计算结果，我们可以改变其中某些子系统的结构以及其中的某些关联结构，从而有效降低系统的脆性风险（荣盘祥，2006）。

由上述结构模型可知，区域复合生态系统崩溃由各个子系统的崩溃引起，对于各个子系统的崩溃，主要是因为子系统受到内部或外部干扰，某些因素发生，影响到事件的发生，从而引起子系统的崩溃，对于模型中各个元素之间的脆性联系进行分类分析，给出相应的定义（吴红梅等，2008）：

定义1：对于事件（系统）级中的任意事件（系统）j的发生，存在一个因素（事件）级上的因素（事件）集合，而且对于此事件（系统）j的发生，集合中的因素（事件）是缺一不可的，即集合的任何子集都不能构成上一层事件（系统）j。则这个集合中的因素（事件）关于事件（系统）j是与的关系，表示为$s_1 \cap s_2$，它们所组成的集合为相对于上层事件（系统）的与集合。

定义2：把在与关系定义中的与集合所组成的集合称为因素（事件）类，则因素（事件）类中的任一集合都有可能引起其所对应的上层事件（系统）的崩溃。

定义3：若存在一些系统，这些子系统组成一个集合，集合中的所有系统崩溃能引起复杂系统崩溃，且不存在任何子集所包含系统的崩溃能够引起整个复杂系统的崩溃，则这样的子系统集合称为关键子系统集。

定义4：由关键子系统集合所组成的集合称为关键子系统类。

若按照因素类的分类原则可以得到关于事件s的h_s个因素类，对于不同的事件，因素类个数h_s也是不同的。将有m个因素关于事件s的隶属矩阵$H^s_{m \times h_s}$，矩阵元素h_{ij}定义如下：

$$h_{ij} = \begin{vmatrix} 1, & 第i元素属于第j类 \\ 0, & 其他 \end{vmatrix} \tag{4.4}$$

而m个因素关于n个事件的隶属矩阵可以表示为：

$$H = (H^1_{m \times h_1} H^2_{m \times h_2} \cdots H^3_{m \times h_3} \cdots H^4_{m \times h_n})_{1 \times n} \tag{4.5}$$

同样，也可以得到关于系统t的k_t个事件类，对于不同的系统，事件类个数k_t也是不同的，则会有n个事件关于系统t的隶属矩阵$K^t_{n \times k_t}$，矩阵元素k_{sj}定义如下：

$$k_{sj} = \begin{vmatrix} 1, & 第s元素属于第 j类 \\ 0, & 其他 \end{vmatrix} \tag{4.6}$$

则可以得到m个因素关于系统t的隶属矩阵：

$$H_{m \times h_1} \times H^2_{m \times h_2} = \left| \sum_{s=1}^{n} k_{s1} H^s_{m \times h_s}, \cdots \sum_{s=1}^{n} k_{sk} H^s_{m \times h_s} \right| \tag{4.7}$$

由于以上相加H中的下标h_s是不同的，用一般的加法法则无法完成，因此，这里根据实际意义定义其相加法则，用一个例子进行说明：

$$H_{n \times (m_1 \times m_2)} = H_{n \times m_1} + H_{n \times m_2} \tag{4.8}$$

定义5：$H_{n \times (m_1 \times m_2)} = H_{n \times m_1} + H_{n \times m_2}$的$im_2 + 1$列到元素为$H_{n \times m_1}$第$i+1$列元素与$H_{n \times m_2}$中的每列元素相加，$i = 0, 1, \cdots, m_1 - 1$。相加的原则是：$1+1=1$，$1+0=0+1=1$，$0+0=1$。这样得到的结果就是$n \times (m_1 \times m_2)$的矩阵。

根据加法的定义，$\sum\limits_{s=1}^{n} k_{sj}H^s_{m\times h_s}$ 就转化为 $m \times \sum\limits_{s=1}^{n} k_{sj}h_s$ 的矩阵，而对于不同的系统，k_{sj} 是不同的，所以 $m \times \sum\limits_{s=1}^{n} k_{sj}h_s$ 也是不同的。

对于 n 个事件关于 q 个系统的隶属矩阵可以表示为：

$$K = (K^1_{n\times k_1} K^2_{n\times k_2} \cdots K^t_{n\times k_t} \cdots K^q_{n\times k_q})_{1\times q} \tag{4.9}$$

则可以得到 m 个因素与 q 个系统之间的隶属矩阵：

$$K' = H_{1\times n} \times K = H_{1\times n} \times (K^1_{n\times k_1} \cdots K^q_{n\times k_q}) = (H_{1\times n} \times K^1_{n\times k_1} \cdots H_{1\times n} \times K^q_{n\times k_q}) \tag{4.10}$$

关于整个区域复合生态系统有 l 个关键子系统集，则 q 个系统关于整个复杂系统的隶属矩阵为 $L_{q\times l}$，矩阵元素 l_{ij} 定义如下：

$$l_{ij} = \begin{vmatrix} 1, & \text{第 } i \text{ 个子系统属于第 } j \text{ 个关键子系统集} \\ 0, & \text{其他} \end{vmatrix} \tag{4.11}$$

n 个事件关于整个区域复合生态系统的隶属矩阵可以表示为：

$$K \times L = \left| \sum_{i=1}^{q} l_{i1}K^i_{n\times h_i} \quad \sum_{i=1}^{q} l_{i2}K^i_{n\times, k_i} \cdots \sum_{i=1}^{q} l_{il}K^i_{n\times, k_i} \right| \tag{4.12}$$

其中各个矩阵之间相加按照定义 5 中的相加法则进行运算。

而 n 个因素关于区域复合生态系统的隶属矩阵为：

$$K' \times L = \left| \sum_{i=1}^{q} l_{i1}(H_{1\times n} \times K^i_{n\times h_i}) \cdots \sum_{i=1}^{q} l_{il}(H_{1\times n} \times K^i_{n\times, k_i}) \right| \tag{4.13}$$

4.1.3 区域复合生态系统脆性关联模型

当区域复合生态系统脆性被激发时，系统内部的崩溃连锁反应主要是依靠子系统之间的脆性联系进行的。对于某个脆性接收者（脆性源），使其脆性过程能够发生，不同的脆性源（脆性接收者）对此次脆性接收者（脆性源）的作用（响应）程度，将之称为脆性关联性。若使某个脆性接收者的脆性过程能够发生，就要考虑能够使其发生的各种可能性的脆性源；或者对于某个脆性源的激发，能够使脆性过程发生，就要考虑能够对此脆性源的激发产生响应的各种脆性接收者，此时就取决于脆性的关联性（郭健，2004）。

根据区域复合生态系统脆性结构模型，区域复合生态系统 S 包括社会子系统、经济子系统和自然子系统三个子系统，三个子系统的关联形式为完全脆性联系（图4-3），任何一个子系统发生崩溃，都会影响到另外两个子系统。

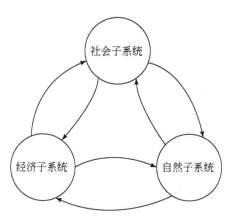

图 4-3　区域复合生态系统完全脆性联系图

对于区域复合生态系统 S，每个子系统 S_i（$i=1, 2, 3$），有 $S_i = (S_{ij})$，$i=1, 2, 3$，$j=1, 2, \cdots, q$，其中 S_{ij} 是描述子系统 S_i 脆性特征的脆性因子。对 S_i 的脆性因子 S_{ij} 进行分类，可将（S_{ij}）分为 C_i 类，其中 $C_i = \{1, 2\}$ 即主观类和客观类两类。从而有 $n_1+n_2=q$，其中 n_t（$t=1, 2$）为子系统 S_i 属于 C_i 中第 t 类的脆性因子的数量。根据复杂系统脆性的本质，子系统 S_i 的脆性熵定义为：

$$H(S_i) = -\frac{n_1}{q}\ln\frac{n_1}{q} - \frac{n_2}{q}\ln\frac{n_2}{q} \tag{4.14}$$

子系统 S_i 和 S_j 的联合脆性熵定义为：

$$H(S_i \cup S_j) = -\frac{n_{11}}{q}\ln\frac{n_{11}}{q} - \frac{n_{12}}{q}\ln\frac{n_{12}}{q} - \frac{n_{21}}{q}\ln\frac{n_{21}}{q}\ln\frac{n_{22}}{q}, \tag{4.15}$$

式中，n_{ij} 表示 S_i 属于 C_i 第 i 类，同时 S_j 属于 C_j 的第 j 类脆性因子的数量。

子系统 S_i 和 S_j 的脆性关联熵定义为：

$$\mu(S_i, S_j) = H(S_i) + H(S_j) - H(S_i \cup S_j) \tag{4.16}$$

子系统 S_i 和 S_j 的脆性关联系数定义为：$\mu_{ij} = \pm\mu(S_i, S_j)/H(S_j)$，其中正号表示正相关关系，负号表示负相关关系。

可得区域复合生态系统 S 的脆性关联系数矩阵：

$$U = (\mu_{ij})_{3\times3} = \begin{bmatrix} \mu_{11} & \mu_{12} & \mu_{13} \\ \mu_{21} & \mu_{22} & \mu_{23} \\ \mu_{31} & \mu_{32} & \mu_{33} \end{bmatrix} \tag{4.17}$$

在脆性关联系数矩阵 U 中，可以根据区域复合系统协调发展的实际需要，从中找出脆性关联度强的子系统，从而采用有效措施，降低其脆性关联度，避免系统崩溃（韦琦等，2003）。

脆性在子系统之间的传递与放大的程度与子系统之间的脆性联系函数有关。

脆性状态联系函数可以用状态之间的脆性同一度、对立度、波动度来衡量。

脆性同一度：在任意时刻 t，若 $\mu_{ij}(t)$ 恒大于零，则称子系统 s_i 和子系统 s_j 是脆性同一的，其子系统 g_i 的脆性同一度为 $a = \sum\limits_{j=1}^{k} \mu_{ij}(t)$，其中 $\mu_{ij}(t)$ 恒大于零。

脆性对立：若 $\mu_{ij}(t)$ 恒小于零，则称子系统 s_i 和子系统 s_j 是脆性对立的，子系统 g_i 的脆性对立度为 $b = \sum\limits_{j=1}^{k} \mu_{ij}(t)$，其中 $\mu_{ij}(t)$ 恒小于零。

脆性波动：若 $\mu_{ij}(t)$ 在一段时间内大于零另一段时间内小于零，则称子系统 s_i 和子系统 s_j 是脆性波动的，其子系统 g_i 的脆性波动度为 $c = \sum\limits_{j=1}^{m-h-q} \mu_{ij}(t)$，其中 $\mu_{ij}(t)$ 的值不确定。

对于区域复合生态系统，其子系统 s_1，s_2，s_3 两两脆性同一。在此利用脆性状态关联函数来衡量脆性在区域复合生态系统各子系统之间的传递与放大的程度：

$$F = f(a(t),\ b(t),\ c(t)) = f(a(t)) \qquad (4.18)$$

式中，$a(t)$，$b(t)$，$c(t)$ 分别为两个子系统之间的同一度、对立度和波动度。在区域复合生态系统中，随着时间的推移，各子系统间的依赖关系不断加深，同一度增大，即 $\dfrac{da(t)}{dt} > 0$。进一步将 F 对 t 求导有：$\dfrac{dF}{dt} = \dfrac{df}{da(t)} \dfrac{da(t)}{dt}$，若 $\dfrac{df}{da} > 0$，区域复合生态系统 S 各个子系统之间的脆性联系逐渐加强；若 $\dfrac{df}{da} < 0$，区域复合生态系统 S 各个子系统之间的脆性联系逐渐减弱；若 $\dfrac{df}{da} = 0$，区域复合生态系统 S 各个子系统之间的脆性联系相对不变。同时，三个系统中的子系统之间也存在着相应的关联关系。

4.2 脆性视角的区域复合生态系统安全认识

4.2.1 脆性视角的区域复合生态系统安全解释

系统安全与否要看系统的状态，发生生态灾害或生态安全问题归根结底是系统存在或潜在的脆性因子、脆性作用导致系统崩溃的必然结果。在区域复合生态系统运行时，不可避免地要受到来自于人类活动或者自然现象引起的各种干扰。一个极小的脆弱性因子干扰就可能使子系统突然崩溃，进而产生多米诺骨牌效应，最后导致整个金融体系发生崩溃（林德明，2007）。因此，区域复合生态系统脆性是生态安全问题的本质，影响生态安全的因素就是区域复合生态系统的脆性。

根据脆性理论，区域复合生态系统的脆性在一定条件下触发或由量变累积到质变，系统发生崩裂，安全状态就发生渐变甚至突变。对于复合生态系统而言，如果某一环节出现问题，其整个系统或者某个层次将会立即出现问题，如水污染引起水资源短缺，水资源短缺直接影响社会经济发展。脆性是导致生态事故发生的危险状态、人的不安全行为及管理上的安全影响因子。从系统安全的角度看，复合生态系统安全脆性包括一切可能对人–社会–环境系统带来损害的不安全因素。安全脆性的含义包括一切危险因素，有实体、行为、状态或三者的结合。任何子系统和整个复合系统的脆性是客观存在的，脆性始终伴随着系统存在，并不会因为系统的进化或外界环境的变化而消失，但是危险行为、状态等是实时变化、可以控制的。

人是复合生态系统安全的主体，是复合生态系统安全的调控者，从系统的脆性角度看，研究由于人的目的性活动引起的系统脆性才有意义，也是人类所能控制的，因此，人是复合生态系统的核心元素。在人的脆性作用下复合生态系统安全变化如图4-4所示。

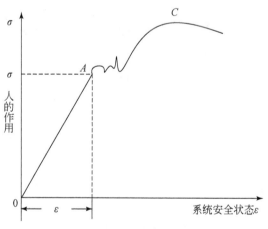

图 4-4　复合生态系统安全变化图

当人的脆性作用较小时，复合生态系统可以保持或者恢复成（弹性范围）原有良性运行的状况，在人的作用和控制范围之内，复合系统处于安全状态。

当人的脆性作用达到一定值时，复合生态系统中的子系统或者部分系统进入脆性作用状态 A，系统进入不能完全恢复为原来的、自然的、良性健康的状态，复合系统脆性作用发生，复合系统处于生态问题状态。

随着人的脆性作用力的逐渐增强，系统脆性度不断增加，系统脆性和脆性作用范围逐渐扩大，系统之间的脆性关联作用更加明显，复合系统处于生态安全问题状态。

当人的作用力达到某一数值时，复合系统的状况随着脆性作用达到崩溃极限 C，生态系统处于崩溃状态，这就是复合生态系统安全核心运行机理。

4.2.2 复合生态系统安全的脆性熵分析

应用耗散系统的熵理论可以分析区域复合生态系统脆性行为过程（金鸿章，2010）。由于复合生态系统脆性具有延时性，比如水资源短缺可能在一年以后对经济发展造成影响，当前的局部生态环境破坏可能对未来经济社会各种环境灾难埋下隐患。假设有一个脆性源（某主要流域）a_0 从遭受外力打击（污染物排放）到系统崩溃（水污染严重，失去水功能）经历 n 个时刻，即有 n 个状态，设为 x_0^1，x_0^2，…，x_0^n，并且 $x_0^{n+1} = 1$。其中 $x_0^t(t=1, 2, …, n)$ 的意义是，假设 a_0 在 t 时刻有 m 种可能崩溃的情况，令各种情况的概率为 p_i（$i=1, 2, …, m$），则：

$$a_0^t = \prod_{i=1}^{m} p_i^{p_i} \tag{4.19}$$

于是，定义基点每一时刻的状态 a_0^t 下的物理熵为：

$$S_0^t = -K \sum_{i=1}^{m} p_i \log p_i = -K \log \prod_{i=1}^{m} p_i^{p_i} = -K \log x_0^t \tag{4.20}$$

以此作为衡量系统无序程度的量，式（4.20）中 $t=1, 2, …, n$；K 是一个常数，在通常情况下 $K=1$。依据最大熵原理，由式（4.20）可知顶点的熵有界 $\log(m) \geq S_0^t > 0$，则状态有界 $1/m \leq x_0^t < 1$，而且熵值域状态成反比关系。此时基点的状态反映系统有序的程度。

同理，对脆性接收者 a_1 也作同样假设，设在 t 时刻它的状态为 x_1^t，它的熵为：

$$S_1^t = -K \log x_1^t \tag{4.21}$$

设 x_0^0，x_1^0 分别为 a_0，a_1 的初始状态，则初始状态下的物理熵分别为 $S_0^0 = -K \log x_0^0$，$S_1^0 = -K \log x_1^0$。

当基点 a_0 遭受打击时，引起内部熵增速度急剧增大或熵的大量增加。依据系统论可知，a_0 会向脆性接收者 a_1 吸收负熵流，以此维持原来的有序状态。接收者 a_1 提供的负熵流与此时它的状态以及 a_0 此时的状态有关（林德明等，2005）。

因此，定义一个连续单调递减函数 $g(x, y)$，对任意的 x，y，有：

$$g(x, y) > 0 \tag{4.22}$$

$$\frac{\mathrm{d}g(x, y)}{\mathrm{d}t} < 0 \tag{4.23}$$

$$g(x_0^0, \ x_1^0) = 0 \tag{4.24}$$

设 a_1 在 $t-1$ 时刻提供的负熵流为:

$$\Delta S_1^{t-1} = -Kg(x_0^{t-1}, \ x_1^{t-1}) \tag{4.25}$$

于是在 t 时刻, a_0 的熵值为

$$S_0^t = S_0^{t-1} + \Delta S_1^{t-1} + K\Delta S_0^{t-1} \tag{4.26}$$

式中, $K\Delta S_0^{t-1}$ 是在 $t-1$ 时刻脆性源由于遭受打击而引起的内部熵增。

定义函数 $\varphi(x) \overset{def}{=} e^{-\frac{1}{Kx}}$, 则:

$$
\begin{aligned}
a_0^t = \varphi(S_0^t) &= \varphi(S_0^{t-1} + \Delta S_0^{t-1} + KS_0^{t-1}) \\
&= \exp\left[\frac{1}{K}(K\log x_0^{t-1} - Kg(x_0^{t-1} - x_1^{t-1}) + K\Delta S_0^{t-1})\right] \\
&= x_0^{t-1}\exp\left[g(x_0^{t-1}, \ x_1^{t-1}) - \Delta S_0^{t-1}\right]
\end{aligned} \tag{4.27}
$$

由此可以看出, 在外力打击足够大的情况下, 满足 $\Delta S_1^{t-1} > g(x_0^{t-1}, \ x_1^{t-1})$, 令 $a = \Delta S_1^{t-1} - g(x_0^{t-1}, \ x_1^{t-1}) > 0$, 则有 $e^a > 1$, 进而:

$$\Delta x_0 = x_0^t - x_0^{t-1} = x_0^{t-1}\exp\left[\Delta S_0^{t-1} - g(x_0^{t-1}, \ x_1^{t-1})\right] - x_0^{t-1} = (e^a - 1)x_0^{t-1} > 0 \tag{4.28}$$

即 a_0 的状态 x_0^t 是随着 t 递增的。

由于提供负熵流就意味着本身熵的增加, 所以 a_1 在 t 时刻的熵值:

$$S_1^t = S_1^{t-1} - \Delta S_1^{t-1} = S_1^{t-1} + Kg(x_0^{t-1}, \ x_1^{t-1}) \tag{4.29}$$

令 $\beta = g(x_0^{t-1}, \ x_1^{t-1})$, 有:

$$
\begin{aligned}
a_1^t = \varphi(S_1^t) &= \varphi\left[S_0^{t-1} + Kg(x_0^{t-1}, \ x_1^{t-1})\right] \\
&= \exp\left\{\frac{1}{K}\left[K\log x_1^{t-1} - Kg(x_0^{t-1} - x_1^{t-1})\right]\right\} \\
&= x_1^{t-1}\exp\left[g(x_0^{t-1}, \ x_1^{t-1})\right] = x_1^{t-1}e^{\beta}
\end{aligned} \tag{4.30}
$$

由 $\beta > 0$, 得到:

$$\Delta x_1 = x_1^t - x_1^{t-1} = x_1^{t-1}(e^{\beta} - 1) > 0 \tag{4.31}$$

即 a_1 的状态 x_1^t 亦是随 t 递增的。

因此, 在复合生态系统中脆性源 a_0 遭受足够大的生态环境破坏影响时会产生崩溃现象, 而脆性接收者 a_1 由于向 a_0 提供负熵流加快了系统的熵增, 也可能成为一个脆性源, 最终也会崩溃, 并且导致其他系统接受这个脆性作用。区域复合生态系统最终将会产生崩溃, 这正是复合生态系统安全问题的本质所在。

4.2.3 区域复合生态系统安全影响因素分析

区域复合生态系统安全的载体是复合系统, 按照复合生态系统安全作用要素

分析，生态安全的影响因素包括自然灾害、人口作用、经济发展和社会问题，其中自然灾害为客观因素，其他为人类活动影响因素，其相互作用如图 4-5 所示。

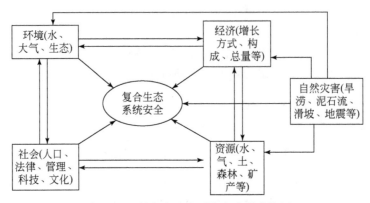

图 4-5　区域复合生态系统安全影响作用

　　对于生态安全影响因素分析如下：①自然灾害：旱涝、地震、泥石流、崩塌等的发生是引发生态安全问题的最直接的动力。这些自然灾害的发生，会使水、生物等资源急剧减少，土地利用率大大降低，严重影响生态系统的构成及其功能。②人口作用：作为复合生态系统中的能动性主体，人口变动会引发生态不安全。人口的急剧增加，会使资源压力呈指数增长，同时人类活动造成生态环境承载能力不断加大；资源短缺直接影响区域的经济社会发展的同时，引发贫穷、犯罪、冲突等社会问题，严重影响社会的安定。再者，过度使用环境资源直接或间接导致水土流失、土地沙漠化等的产生，加剧生态系统的退化，降低生态系统安全度。巨大的人口压力导致资源结构性短缺，还会严重破坏环境的自净能力，影响生态系统功能的发挥，进而威胁生态系统安全。③经济发展：经济发展方式的变化会触发生态安全的变化。粗放型的经济增长方式会比集约型的发展方式消耗更多的资源，产生更多的环境问题，威胁生态环境安全。土地利用方式的变化会直接对生态环境造成影响，土地利用对生态系统结构方面产生的直接后果如生物侵入和生物多样性的损失，破坏生态系统正常的生物地球化学循环功能。④社会问题：法律、制度、管理模式、科学技术、生态文化等社会问题都直接或间接影响生态系统安全。在本研究中，不考察自然灾害影响因素（王立国，2005）。

　　基于脆性视角，复合生态系统安全主要是系统脆性引起的，区域复合生态系统安全的脆性影响可按照脆性源、脆性空间、脆性可控性进行划分（王耕，2007）。

1. 按照脆性源

生态安全脆性按照脆性源可以分为自然脆性作用、人类活动脆性作用两方面。自然界脆性主要是自然灾害，如全球气候变化、地震、火山爆发等；人类活动脆性作用如人类对自然资源的掠夺性开发和不合理利用、在工业化和城市化过程中不注意环境治理和保护而造成严重的环境污染；还有的脆性是自然界与人类活动共同作用的结果。

2. 按照脆性空间

按照脆性所在的空间可以划分为大气圈、水圈、岩石圈、生物圈和人类活动圈层脆性因子。大气圈层脆性因子有干旱、沙尘暴等；水圈层隐患因子有洪水、海水入侵等；岩石圈层脆性因子有滑坡、泥石流等；生物圈层脆性因子有外来生物入侵、植物病虫害；人类活动圈层脆性因子有环境事故与污染、水土流失、耕地质量下降等。

3. 按照脆性可控性

按照脆性可控性可分为可控型脆性因子，如生物入侵、植物病虫害，这种危害是可恢复的；不可控型脆性因子，如自然灾害（洪水、干旱等）、生物的突变等，这种危害是不可即刻恢复或缓慢恢复的；半可控型脆性因子，如水土流失、荒漠化等，通常这种危害的修复需要更长的时间。

4.3 区域复合生态系统安全的脆性作用机理

4.3.1 复合生态系统安全的脆性作用分析

安全是指有保障无危险、无危害的一种状态。脆性是系统的基本属性，是客观存在的，是引起系统安全问题的本质。从脆性视角，认为复合生态系统的安全取决于系统的安全状态、脆性作用和脆性控制三个因素，最终决定了复合生态系统的安全状态：①复合生态系统安全状态是复合生态系统安全的状态因素，是区域经济发展和生态环境的基础，其直接决定于复合生态系统的安全状态。复合生态系统安全状态主要取决于复合系统的脆性因子以及脆性被激发的程度。②复合生态系统安全脆性作用是复合生态安全的压力因素。在一定条件下，脆性作用由量变引起质变，引起不同程度的危害事件与事故发生，最终导致整个系统的崩溃。当自然界与人类活动产生的脆性因子触发，可能通过生态系统中物质、能量、信息等在各要素中的传递，使生态系统的结构与功能受到威胁，间接地危害人类的生活、生产甚至生存（王耕，2007）。在本书中主要是指由于人类对自资源不合理开发和利用，引起的环境污染、资源浪费、生态破坏等，对生态系统安全构成隐患和威胁的脆性作用。③生态安全脆性控制是复合生态系统安全的响应因素。人们通过制度、技术、经济、教育等手段，保持和增强生态系统抵抗生态风险的能力和消除脆性的调控功能，消除已经识别的脆性因子，控制脆性作用和传递过程，减少脆性触发的概率，保障区域复合生态系统向安全状态演变。三者关系如图4-6所示。

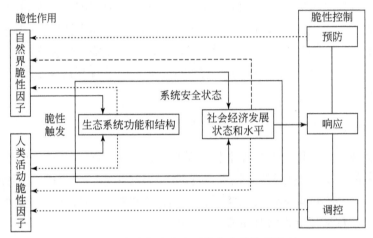

图 4-6　区域复合生态系统安全的作用机理

　　脆性状态–脆性作用–脆性控制构成了生态安全作用机理框架，以上三个因素成为区域复合生态系统安全状态演进的主要动力，尤其是人的脆性控制能力很大程度上影响生态安全突变的趋势，从系统脆性的作用来看，脆性过程推进了安全恶化的进程。因此，作为脆性控制，掌握脆性因子的产生原因和脆性触发程度，就可控制生态安全演变过程。

4.3.2　脆性视角的区域复合生态系统安全演变

　　区域生态安全演变是指生态安全状态随着脆性作用机理的不断变化，直到发生本质突变的过程。复合系统脆性状态是区域生态系统安全的基础，脆性触发传递机理推进安全状况恶化的演变，脆性的控制响应机理抑制恶化态势的演变，共同决定区域生态安全演变的结果。

　　任何系统都具有其固有的安全承受能力，超出界限后，原秩序被破坏，发生安全突变，系统又开始回归到一个新的安全状态。区域生态安全的实质就是在安全到不安全（危险）的循环变化中存在和发展的。如图4-7，在初始时刻 T_0，生态安全状态面临生态安全脆性因子和脆性触发的威胁，同时，脆性控制对脆性产生和传递产生作用，当脆性控制机制失效，导致脆性触发并随时间和空间不断地产生危害，如果区域响应控制机制较强大，具有较强免疫力或恢复能力，系统出现正相变过程，生态安全状态远离临界点，安全程度维持不变或可能上升为更安全层次；否则系统出现负相变过程，生态安全状态逼近临界点，安全性相对较低。脆性的触发传递机理越弱，脆性控制响应机理越强，安全恶化趋势越小；脆性的触发传递机理越强，脆性控制响应机理越弱，安全恶化趋势越大（王耕，2007）。

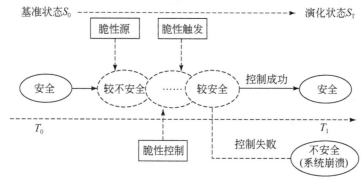

图4-7　区域复合生态系统安全的演变过程

复合生态系统安全脆性控制是指那些控制不安全状态发生与传递以及减轻危害影响的系统组成结构与功能，它包括自然环境系统所固有的生态平衡调节过程，人类有效防止系统脆性量的积累与突变以及减轻和控制危害影响的社会、经济和技术响应过程等，它包括脆性初级控制与脆性过程控制两方面。脆性过程初级控制主要指控制脆性源触发的预防措施，过程控制主要指控制脆性事件触发后危害的传递和扩散的有效控制措施。脆性初级控制作用对象是脆性触发前的环境空间，当脆性触发以后，初级控制基本不起作用，脆性传递与过程控制同时作用，脆性过程控制对象是脆性发生时的环境空间。

4.3.3　复合生态系统脆性传递机理

在明确了复合生态系统中脆性行为过程后，需要明确复合生态系统内各个子系统之间是如何进行脆性传递的，通过对脆性传递机理分析，认识复合系统安全作用过程（韦琦等，2003）。根据复合系统脆性作用特点，脆性传递机理有以下四种。

1. 多米诺骨牌模型

复合生态系统内部的子系统呈链状结构关系，以每一块骨牌代表一个子系统，以每两块骨牌之间的距离表示其脆性关联度。当某个子系统发生崩溃时，可能激发相邻子系统的崩溃，最后导致整个大系统的崩溃。

如图4-8所示，R_{12}，R_{23}，R_{34}表示骨牌之间的距离，其中$R_{12}<R_{23}<R_{34}$。表示子系统之间的联系由强变弱。两块骨牌之间的距离，同时与一块骨牌倒下之后所能够传递给下一块骨牌的能量有关。把此种情况看成是单脆性源和单脆性接收者，即此骨牌为上一个倒塌的骨牌的脆性接收者，也称为下一个骨牌可能倒塌的脆性源。

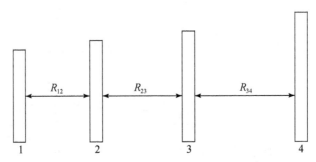

图4-8　复合生态系统脆性的多米诺骨牌模型

在复合生态系统，很多环节环环相扣，某一个环节出了问题，容易发生连锁反应。例如，水污染引起水资源短缺，水资源短缺直接制约社会经济发展。由图4-9可知，当作为脆性源的水体受到污染后，成为脆性接收者的水资源供给面临水资源短缺，水资源短缺作为脆性源导致社会经济发展受到制约。

图4-9　多米诺骨牌模型水资源

2. 金字塔模型

在复杂系统内部的子系统间呈由上至下的层次关系，以每一个点表示一个子系统，点与点的距离表示子系统间的脆性关联度，利用金字塔模型展示了复杂系统的层次性，如图4-10所示。当其位于上层一个规模较大的子系统受到干扰而发生崩溃后，伴随而来的系统的脆性将由上至下传播，崩溃的子系统越来越多，而且由上到下传递。

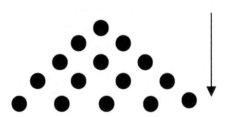

图 4-10 复合生态系统脆性的金字塔模型

在复合生态系统的许多安全问题都是基于复杂系统脆性的上述传递产生的。比如生态环境中的分支性的食物链具有这样的特性，如图 4-11 所示。当脆性源黄鼠狼灭绝时，造成了鸡和鸭数量的大幅增加，从而引起脆性接收者虫子的灭绝。由于作为脆性源的虫子的灭绝引发了脆性接收者鸡和鸭的灭绝，由此可以看出，脆性源黄鼠狼是脆性接收者鸡和鸭灭绝的间接脆性源。

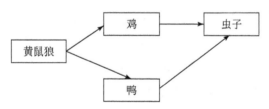

图 4-11 金字塔形生态食物链

3. 倒金字塔模型

当下层的一个较小的子系统受到干扰而发生崩溃后，伴随而来的复杂系统的脆性将由下至上传播，崩溃的子系统越来越多，这样的系统脆性作用为倒金字塔模型，如图 4-12 所示。倒金字塔模型不但展示了复杂系统的层次性，而且也说明区域复合生态系统中规模较小的子系统的崩溃，导致和它同一层的其他子系统的有序状态被破坏，以至于使其上一层规模较大的子系统的结构与状态发生变化进入崩溃状态，最终使得整个系统崩溃。

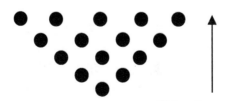

图 4-12 复合生态系统脆性的倒金字塔模型

在生态环境中的分支食物链也具有这样的特性，如图 4-13 所示，该食物链说明了当作为单一脆性源虫子的脆性接收者较多时，一旦虫子灭绝，最终会加速脆性接收者鹰和黄鼠狼的灭绝。

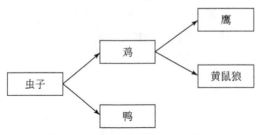

图 4-13　倒金字塔形生态食物链

4. 元胞自动机模型

利用元胞自动机，可以描述复合生态系统的脆性。例如，当把一个子系统看作一个元胞时，并且当此元胞在内外界的干扰或者打击下崩溃后，与其临近的元胞都会受到影响。按照一定的演化规则，在区域复合生态系统的脆性被激发后，这种脆性影响是由崩溃的子系统向四周多方向扩散的。扩散的程度与范围取决于不同子系统之间的脆性关联程度。

从结构上看，如图 4-14 所示，元胞自动机是一个五元组，它有五个基本组成部分：元胞、元胞空间、邻居、元胞状态和演化规则。

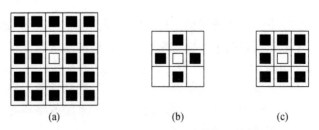

(a)　　　　　　　　(b)　　　　　　　　(c)

图 4-14　复合生态系统脆性的元胞自动机模型

元胞分布在元胞空间的网格点上，是元胞自动机中的基本单元。元胞空间是一种离散的空间网格，最常见的是一维的和二维的。邻居是对中心元胞下一时刻的值产生影响的元胞集合。在一维元胞自动机中通常以半径 r 来确定邻居，距离中心元胞在 r（包括 r）之内的元胞被认为是中心元胞的邻居。在二维元胞自动机中，邻居的形式有多种，其中比较著名的有扩展 Moore 型、Von. Neumann 型和 Moore 型，分别如图 4-14（a）、图 4-14（b）、图 4-14（c）所示。另外还有三角形和六角形形式，它们可以被看作是前两种的特例。元胞状态是考察元胞状态特征时的取值。理想的元胞自动机只有一个状态变量，并且只能取有限值，在实际应用中往往有多个状态变量。演化规则是一个从中心元胞的邻居状态到中心元胞的下一时刻状态的映射。

4.4　本章小结

本章以脆性理论为基础，在系统认识和分析区域复合生态系统的基础上，首先建立区域复合生态系统的脆性模型，包括区域复合生态系统的脆性结构模型和脆性关联模型，分析表明，脆性是复合生态系统的基本特性，始终伴随复合生态系统的演化而发生变化；其次，在安全本质认识基础上，基于复合生态系统的生态安全研究视角，给出区域复合生态系统安全的定义，复合系统安全本质上是人类社会系统与自然环境系统之间相互作用表现出来的社会-经济-自然复合系统不受威胁的一种稳定状态，并提出基于脆性视角的区域复合生态系统概念的理解；最后，探讨了脆性作用下区域复合生态系统安全作用机理和过程，揭示了区域复合生态系脆性作用下的安全机理本质。复合生态系统脆性是生态安全问题的本质，复合生态系统安全的本质就是复合生态系统的脆性作用过程，不同的脆性作用会导致不同的复合生态系统安全状态，且脆性是可控的。

第 5 章　区域复合生态系统安全预警分析

目前研究生态系统安全的重要领域是对其评价的研究，即如何评价生态系统的安全程度，然而对生态系统的评价主要是从正面对区域复合生态系统发展的静态特征进行评价，是正面的、静态的。但实际上区域复合生态系统演化是一个动态过程，只是从静态的角度来看其发展情况是不全面的，安全是表征系统状态的概念，所以引入预警管理的思想，对复合生态系统安全进行系统管理，即复合生态系统安全预警。

5.1　区域复合生态系统安全预警基本理论和概念

5.1.1　生态安全预警相关理论基础

目前对于生态安全预警理论体系尚未完全建立，主要基于生态系统服务理论、生态承载力、突变理论、系统工程论、可持续发展理论等相关理论展开研究（李万莲，2008）。

（1）生态系统服务理论。生态安全的主要特征之一是要维系其生态系统服务功能的正常运行，保障人与自然的协调共生。

（2）生态承载力理论。生态承载力是自然体系调节能力的客观反映。生态安全中的资源安全与承载力的概念密切相关。人类社会经济发展与生存所需的资源必须处于区域环境生态承载力之内。

（3）突变理论。突变理论主要以拓扑学为工具，以结构稳定性理论为基础，从量的角度研究各种事物在连续变化过程中的突然变化现象。突变理论的多维性和多元性适应了子要素、多要素组成的系统这一事实，可以解决现实社会中许多不连续现象的问题，生态安全中的突发事件现象符合突变理论的基本特征。

（4）系统工程论。任何复杂的大系统都由众多子系统构成，子系统与子系统、子系统与大系统之间相互协调、相互配合，共同确保大系统的有机存在。区域生态安全评价研究必须以系统工程理论为指导，对"自然–经济–社会"人工复合生态系统中的各个组分进行系统分析，从而确定生态安全的不同级别。

（5）可持续发展理论。可持续发展的基本目标是在生态资源要持续地满足人类生产和生活需求的同时，又要保障生态系统的生态安全，而区域环境生态安全预警系统的构建所追求的基本目标就是"自然–社会–经济"复合生态系统整体结构的优化。

5.1.2 区域复合生态系统安全预警的概念

复合生态系统安全预警是在对自然环境演化规律和人类活动对生态环境的作用机理深刻认识的基础上，构建一种能对各种可能出现的警情预防和纠正的预报机制，从而达到人类对自然资源和环境优化利用的目的，其预警对象是区域复合生态系统是否在安全状态。

区域复合生态系统安全预警应集中一定区域范围内由人类开发活动引起的经济与环境、生态之间的关系问题，也就是对由人类活动引起的区域生态环境恶化以及生态环境是否满足经济可持续发展要求的警告。区域复合生态系统预警是一个多维度、多层次、多目标的复杂问题，不仅包含对某一时刻的预警，而且包括对某时段变化趋势的预警。

区域复合生态系统安全预警既不同于生态环境预警，也不同于经济预警。生态环境预警建立在生态环境承载力和环境容量基础之上，通过一些重要的自然状态指标，对大气圈、水圈、岩石圈、生物圈的环境状态进行时时监测，并及时提供环境危险信号的警示报告，对区域生态环境管理、经济发展政策决策具有重要意义。生态环境预警属于技术预警，但是，生态环境预警并不同于区域复合生态系统安全预警：①生态环境预警是对自然环境被破坏和恶化的状态的警告，区域复合生态系统安全预警则反映的是自然与人类社会的关系状态；生态环境预警强调环境质量，而复合生态系统安全预警与可持续发展观相一致，强调保护生态环境下的经济社会发展，最终目的是发展；②生态环境预警只表示生态环境自然容量的警告，复合生态系统安全预警还考虑人为作用下环境容量的警示范围；③生态环境预警考虑的因素相对单纯，而复合生态系统安全预警考虑的因素较多，既要考虑自然系统和社会经济系统之间的相互关系，更要考虑自然与人类社会的相互作用关系。

经济预警是对宏观经济发展的动态过程进行跟踪分析，并及时提供危险即将来临的警情预报，生态环境是经济预警中的重要影响因素，但是经济预警并不等同于复合生态系统安全预警。经济预警的基础是国民经济波动，而区域复合生态系统安全预警则立足于生态环境对人类社会经济发展支撑能力的基础上。经济预警在没有出现经济波动之前是不会发出预警信号的，但是，区域复合生态系统安全预警则是对经济与生态环境发展关系的偏离状态的一种警示。可以说，经济预警是复合生态系统安全预警的一部分和重要因素。经济预警体系体现在经济效益的预警，而复合生态系统安全预警体现在生态环境的经济效益的预警。

生态安全预警是近年出现的相对较新的概念，但与安全预警相关的"评价"和"预测"概念却由来已久，这也是预警管理中较易混淆的几个概念。评价和预警有着十分密切的关系，一般认为先有评价，才有预测，有了预测才有预警。从简单意义上讲，预警也是一种评价，它是对研究对象的现状及未来发展趋势和所处状态的一种评价，判断其是否偏离常态及偏离程度，但预警不完全等于评价，它们之间既相互联系又有着本质的差异。预测与预警在一定程度上是一致的，都是根据历史数据以及现状来预测未来，预警是在预测的基础上发展而来的，但预警又不完全等同于预测，它是更高层次上的一种预测。

5.2　区域复合生态系统安全预警体系

预警机制是指对预警对象建构起来的一整套预警预报机制，包括预警指标的设计与量化，预警信息（警源信息、警情信息、警兆信息）的收集与分析，预警区域的设置，警级类型的分析与判断，预警信息的传递与报送，预警机构的设置与协调，预案的设置与实施等。它是以先进的现代管理技术为主要手段，根据预警对象的特点，明确地对反映预警对象安全状态的重要指标进行动态的收集、存储、分析和利用。这些客观的信息不仅可以用来对预警对象状态进行科学的评估，而且可以有效地预测预警对象未来的发展趋势。通过对各种现有和潜在的问题进行及时的了解和预测，采取积极的预防措施和有效的干预措施，以达到有效地维护预警对象安全、平稳运行的目的（陈秋玲，2013）。

5.2.1　区域复合生态系统安全预警运行机制

按照美国学者 Hall 于 1969 年提出的系统工程三维结构方法，复合生态系统安全预警包括逻辑维、时间维、知识维三个维度，如图 5-1 所示。

从逻辑维度看，区域复合生态系统安全预警运行机制包括明确警义、寻找警源、分析警兆、预报警度、排除警患、预警反馈（畅明琦，2006）。

明确警义是复合生态系统安全预警的起点，警义是指在复合生态系统变化过程中出现警情的含义，可以从警素和警度两个方面来考察。警素是指构成警情的

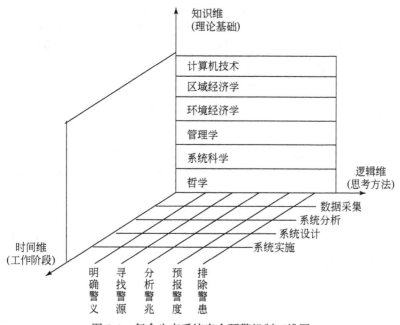

图 5-1　复合生态系统安全预警机制三维图

指标，即复合生态系统出现了什么警情。所谓警度是指警情处于什么状态，也就是说它所具有的严重程度。

警源是警情产生的根源，是复合生态系统变化过程中可能出现安全问题的根源。警源经过一定的量变和质变过程，导致警情的爆发。寻找警源既是分析警兆的基础，也是排除警患的前提。不同警素的警源指标不同，即使同一警素，在不同的时空范围内，警源指标也不相同。

警兆是指警素发生异常变化导致警情爆发之前出现的先兆。警源的存在为警情的产生提供了基础，而由警源到警情的产生和发展，需要要经历一个过程。伴随这一过程，必然有各种各样的警情先兆现象。分析警兆是预警的关键环节。确定警兆之后，需要进一步分析警兆与警素的数量关系，再进行警度预报。

预报警度是预警的目的。警度预报一般有两种方法：一是建立关于警素的普通模型，先作出预测，然后根据警限转化为警度；二是建立关于警素的警度模型，直接预测警素的警度。在预报警度中，一般要结合经验法、专家法等方法，以提高预警的可靠性。

从时间维度看，可分为安全预警工作的各个阶段，是利用系统工程进行复合生态系统安全预警时遵循的一般分析程序，它体现了解决系统工程问题的每一个工作阶段所要经历的分析步骤。主要分析步骤为：数据采集、系统设计、系统分析、系统实施四个分析阶段。

（1）数据采集。通过系统调查与监测，尽量收集有关复合生态系统安全预警对象的历史、现状及发展趋势的资料和数据，同时要对采集的数据进行核实，以保证采集数据的科学性和真实性。

（2）系统设计。根据复合生态系统安全问题的性质和系统目标的要求，提出若干个安全预警途径，对每个方案都列出其功能指标，并说明其所需条件及主要优缺点等。

（3）系统分析。通过建立系统功能与目标的分析模型，对照复合生态系统安全预警目标和评价标准，对各排警方案进行分析和比较，即预警分析阶段。同时针对目标变化，确定合适的警戒线。

（4）系统实施。选定和调整有关参数和复合系统安全预警措施，选择有利于达到系统目标优化的可行方案，根据优化结果，选出最优方案。将选出的最优方案付诸实施，若在实施中遇到问题，则返回到相应的步骤，不断修改，直至复合系统安全排警目标完成。

从知识维度看，它是指完成复合生态系统安全预警各阶段、各步骤所需要的各种专业知识和技术。复合生态系统安全预警主要利用哲学、系统科学理论、管理学、环境经济学、区域经济学、计算机科学技术等。

如果仅考虑时间的问题与逻辑的问题，复合生态系统安全预警则可以将其表现为更加直观的矩阵形式，见表5-1。

表5-1　区域复合生态系统安全预警运行机制二维结构表

时间维	逻辑维				
	明确警义	寻找警源	分析警兆	预报警度	排除警患
数据采集阶段	A_{11}	A_{12}	A_{13}	A_{14}	A_{15}
系统设计阶段	A_{21}	A_{22}	A_{23}	A_{24}	A_{25}
系统分析阶段	A_{31}	A_{32}	A_{33}	A_{34}	A_{35}
系统实施阶段	A_{41}	A_{42}	A_{43}	A_{44}	A_{45}

在时间问题的每个阶段都要按照系统工程的思维方式即逻辑维结构来考虑问题，并在知识维相应学科找到相应的理论和方法。A_{11}，A_{12}，…，A_{15}表示在数据采集阶段也要按照明确警义到排除警患的逻辑过程来解决问题，其余类推。

如果仅考虑逻辑问题，则可以得到如图5-2所示的运行机制一维过程图（吴延熊等，1999）。

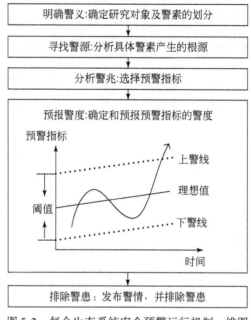

图 5-2　复合生态系统安全预警运行机制一维图

从运行机制的一维图可知，明确警义是前提，是预警研究的基础；寻找警源是对警患产生原因的分析，是排除警患的基础；分析警兆是关联因素的分析，是预报警度的基础；预报警度是排除警患的根据，而排除警患是预警目标所在。

5.2.2　区域复合生态系统安全预警调控机制

调控（regulation），简言之，就是协调、控制之意，具体来说，调控是指根据事物发展的必要性和系统运行的状态，采用各种手段和方法，按照系统运动的规律，对系统进行干预，使之走向有序运行的过程（曹传新，2004）。从这个角度讲，调控是一个人为主观干预系统的过程，它不仅是管理的一项重要职能，而且管理职能的履行和发挥也离不开调控。因此，控制论的概念、原理和方法在管理学中得到广泛运用。在管理中，控制就被认为是指领导者和管理人员为保证实际工作能与目标计划相一致而采取的活动，一般是通过监督和检查组织活动的进展情况，实际成就是否与原定的计划、目标和标准相符合，及时发现偏差，找出原因，采取措施，加以纠正，以保证目标计划实现的过程（张之焕等，1990）。

根据控制系统有无反馈回路，控制系统可区分为开环控制系统和闭环控制系统两大类。开环控制系统指输入直接控制输出而不受输出影响的控制系统；闭环控制系统指用输入控制输出，同时根据输出的回输（反馈）来调整输入的控制系统。

区域复合生态系统安全预警是由社会、经济、自然等多因素复合而成的复杂系统，其安全调控相应也是一个复杂系统。从控制论角度出发，区域生态安全调控系统是一个闭环控制系统，其结构如图5-3所示。

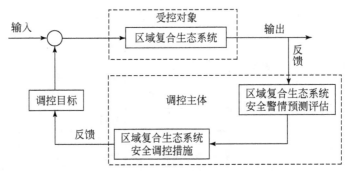

图5-3 复合生态系统安全调控系统图

区域复合生态系统安全调控机制和它的调控目标直接相关，调控目标是由预警系统及其调控对象的内部条件和外部环境确定，生态环境安全预警的调控目标是多元的，也是多层次的，而且警素不同，调控目标也是一个目标集，主要由三个子目标组成：第一是调控区域生态环境系统的资源、环境变化过程，使它的持续度不断提高；第二是调控区域复合生态系统的社会过程，使它的满足度不断提高；第三是调控区域复合生态系统的经济过程，使它的增长度不断提高。

在调控策略上，总体可以分为主动调控和被动调控两种类型，或者分为调控事件、减轻/预防影响和接受影响但分担损失三种类型。具体调控方式有防避、控制、转嫁、救害、恢复等，其过程主要是在明确调控目标的情况下，将人类活动对生态环境的影响进行比较计算，通过预警识别、评价、预测等步骤，检验可选择调控策略所产生的损失和代价，最终得到最优的调控策略。

5.2.3 区域复合生态系统安全预警体系结构

根据上述对区域复合生态系统安全的一维运行机制和调控机制的分析，结合预警研究中需要的方法，可以得到区域复合生态系统安全预警体系结构如图5-4所示。

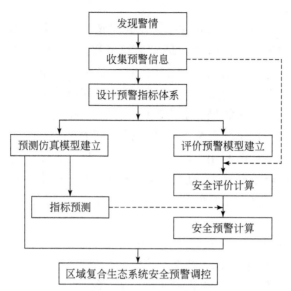

图 5-4   区域复合生态系统安全预警体系结构

5.2.4   区域复合生态系统安全的评价预警方法

目前国内外提出的诊断预警方法总体上可归为两大类：即主观赋权诊断预警方法和客观赋权诊断预警方法。主观赋权方法多为定性和定量相结合，由专家根据经验进行主观判断而得到权数再进行综合计算，如层次分析法、模糊综合评判法等；客观赋权方法根据指标之间的相关关系或各项指标数据的内在关系来确定权数进行计算，如灰色关联度法、TOPSsI 法、主成分分析法等。

（1）层次分析（AHP）方法。层次分析法是目前用于测算系统发展程度及协调程度的主要方法，AHP 法主要用于求解递阶多层次结构问题。它将复杂系统分解成各个组成因素，又将这些因素按支配关系组成递阶层次结构，通过每一个层次各元素的两两比较对其相对重要性作出判断，构造判断矩阵，通过计算，确定决策方案相对重要性的总的排序。应用 AHP 法的整个过程是分解、判断与综合的过程。AHP 法也是一种定性与定量相结合的决策方法，是将人的主观判断用数学表达处理的一种方法。

（2）模糊综合评判法。它是运用模糊集理论对系统进行分析的一种诊断预警方法。通过模糊诊断，能获得系统各替代方案优先顺序的有关信息。应用模糊法时，除了确定指标及其权重和尺度外，还应对第 i 项目作出第 j 尺度的可能程度的大小来表示对各评价指标进行的评定，这种评定是一种模糊映射，其可能程

度的大小用隶属度 r 来反映。

（3）可拓综合评判法。可拓评价方法是可拓学的主要应用之一，它应用可拓学中可拓集合理论中的关联函数理论进行事物的多指标多级别的综合评价，并能给出定性和定量的表达结果，其中定性的结果采取最大关联度原则，而关联度值给出具体关联程度的量化表达。可拓学中利用节域表达了事物的质所规定的量的变化范围，经典域描述对事物的要求，关联函数描述某一具体事物满足要求的程度。可拓评价就是利用经典域描述事物在不同的评价特征上针对不同级别的量的要求，然后利用关联函数定量表达某一具体事物属于某一个级别的程度。它能够综合不同范畴、层次的多种因素进行事物的多个指标、多个级别的评价，能够将定性和定量的评价指标相结合，实现对事物定性和定量的评价的统一。

（4）主成分分析方法。主成分分析法是处理多变量数据的一种数学方法，可从众多的观测变量中找出几个相互独立的综合因素来解释原有的变量，最终根据计算出的样本在综合因素上的发展水平，进行综合判断。

（5）神经网络（ANN）方法。ANN 是一种大规模并行的非线性系统，它具有自适应、自组织、高效并行处理能力等特性。ANN 的这些特性能够解决传统预警方法存在的一些问题：①预警状态偏重定量指标，忽视定性指标，因而易失去预警信息；②预警模型惯于采用直线外推、指数平滑、回归移动平均、灰色预警等模型，而高度非线性系统难以处理；③预警线和预警区域采用确定方式，不具备时变特性，缺少自适应、自学习能力；④预警信息和知识获取是间接的，费时、效率低；⑤预警系统的建立是离线和非实时的，难以适应在线定时预警要求。ANN 理论和方法的出现，使预警系统解决涉及非线性、自学习、自适应、大规模并行分布知识处理的问题有了新的途径，从而产生了 ANN 预警方法。

（6）自回归条件异方差（ARCH）预警方法。ARCH 预警方法实际上是模型预警方法，即应用 ARCH 建立预测模型，根据 ARCH 模型条件异方差的特性，确定具有 ARCH 特征的警限，从而使预警的结果比较真实地反映系统的运行状况。

（7）系统动力学（SD）模型仿真法。系统动力学是在总结运筹学的基础上，为适应现代社会系统的管理需要而发展起来的。它不是依据抽象的假设，而是以现实世界的存在为前提，不追求"最佳解"，而是从整体出发寻求改善系统行为的机会和途径。从技巧上说，它不是依据数学逻辑的推演而获得答案，而是依据对系统的实际观测信息建立动态的仿真模型，并通过计算机试验来获得对系统未来行为的描述。简单而言，"系统动力学是研究社会系统动态行为的计算机仿真方法"。系统动力学用于安全预警研究，其实质是利用系统动力学对复杂动态反馈系统仿真建模，反映其复杂变化关系，并利用其复杂系统预测优势，对未来的预警指标进行预测，结合安全预警的警情判断模型，得到复合生态系统的安全状态。

随着对预警研究的进一步深入，单一的预警方法已不适合现在预警的需要，而且每一种方法都有其各自的特点和使用范围，这就给预警增加了一定难度。许多学者就从系统科学方面来探讨预警方法，进行创新。由于可拓理论中参变量物元模型是动态模型，系统动力学能够反映区域复合生态系统复杂的作用关系，因此，将可拓综合评判和系统动力学方法相结合，建立区域复合生态系统安全的SD仿真模型和可拓安全评价预警模型，分别用于预警指标预测和综合安全预警计算，建立区域复合生态安全预警模型。

5.3 脆性视角的区域复合生态系统安全预警指标系统设计

5.3.1 区域复合生态系统安全预警指标选择

对于区域复合生态系统安全状态的衡量需要特定的特征量来加以反映，即必须以具体指标反映生态系统状态和发展态势。一个科学的预警指标体系应该具有时间和空间上的敏感性，具有预测性和科学性，并且易于应用和具有针对性，它为预警模型的研究提供必要的条件数据。

1. 生态安全指标体系研究现状

当前生态安全研究中指标体系框架的建立和使用呈现出多样化特征，不同研究者往往根据研究目的和研究对象的特点来构建指标体系。例如，高春风（2004）建立的锦州市绕阳河平原农业生态区生态环境安全指标可由生态资源、环境保护、社会进步三大部分构成；郭颖杰等（2002）建立的生态系统健康评价指标体系则由生物学指标、生物物理指标和社会经济指标组成；谢花林和李波（2004）用资源环境压力、资源环境状态和人文环境响应三大部分组成的框架构建了城市生态环境安全的评价指标体系。

从现有相关研究成果来看，目前生态安全评价指标体系，大都基于"压力-状态-响应"（press-state-response，PSR）模型来构建（吴舜泽和王金南，2006）。压力-状态-响应（PSR）框架模型是经合组织（OECD）针对环境问题而建立的。由于该框架模型对环境安全问题的描述清晰，环境与人类活动之间的关系刻画明确、深入，已经被广泛承认并使用到各种类型的生态环境安全研究之中，该框架模型应用范围十分广泛，既有单纯自然生态系统安全的评价研究，同时也被应用到区域生态环境安全、城市生态环境安全等自然、经济和社会复合生态系统安全的指标体系构建中。

由于人类活动对环境的影响只能通过环境状态指标随时间的变化而间接地反映出来，PSR 框架发展为压力-状态-影响-响应框架（press-state-impact-response，PSIR）。它能够衡量一定状态下的生态环境所承受的压力、这种压力对生态环境所产生的影响、社会对这些影响所作的响应等。

在 PSR 框架的基础上，联合国可持续发展委员会（The United Nations Commission on Sustainable Development，UNCSD）又建立驱动力-状态-响应框架（driving force-state-response，DSR），"驱动力"指标是指推动环境压力增加或减轻的社会经济或社会文化因子。1997 年欧洲环境署和欧洲共同体统计局对 PSR 框架进行延伸，提出驱动力-压力-状态-影响-响应（driving force-press-state-impact-response，DPSIR）模型。DPSIR 模型弥补了 PSR 模型的缺陷——人类活动对环境的影响只能通过环境状态指标随时间的变化而间接地反映出来。从生态系统的服务功能与人类的需求角度出发，联合国粮食与农业组织（Food and Agriculture Organization，FAO）提出驱动力-压力-状态-暴露-响应模型（driving force-pressure-state-exposure-response，DPSER）。

王耕等（2007）通过对区域生态安全概念及评价体系的研究认为，生态安全是一个动态演变过程，仅仅基于 PSR 框架的评价并不能全面客观地解释生态安全的演变过程，尤其是预警指标体系，由于要求具有预测性和预报性，现有的生态安全评价指标体系显然不能满足生态安全预警的需要。

2. 生态安全预警指标选择原则

生态安全预警指标选择应遵循以下原则：

（1）目的性原则。任何指标体系均是针对某个目的设计的，对于不同的研究目的可以建立不同的指标体系，选取不同的具体指标。

（2）科学性原则。具体指标的选取必须建立在科学的基础上，指标选取需具备理论依据，指标的物理意义明确，并能在时间和空间尺度上反映出区域生态环境安全。指标的获取、测算和统计方法要求规范或能参照国家、行业的标准进行，从而保证评价结果的可靠性、真实性和客观性。

（3）定量原则。具体指标的表征要尽量做到定量，以便于配合恰当的评价标准，得到可靠、客观的评价结果，减少评价过程中个人因素的干扰。

（4）可操作性原则。具体指标选取的可操作性主要指指标值的获取可行，即通过一定的测量、文献查阅和公式计算可以较方便地获取指标值或指标参数，且获取的指标值科学、可靠。

（5）稳定性原则。具体指标不能对某些相关变量呈现出高敏感性，即选取指标在某些相关变量发生较小扰动时，不能发生较大波动。否则，指标的目标值将难以确定，此类指标应尽量少用或不用。

3. 生态安全预警指标体系构建的思路和方法

生态安全指标体系框架的确立，首先要求研究者对研究对象生态安全问题进行深入分析，回答诸如"该对象的生态安全问题是如何产生的""怎样反映该对象的生态安全状况""该对象生态环境系统内各因子例的相互关系如何"等问题。随后设计或选择合适的指标体系框架来体现这种分析、判断的结果，为具体指标的选择打下基础。因此，指标体系的建立必须以系统作用机理分析为基础，即通过对生态系统安全内涵和区域生态系统构成和结构做深入分析，认识系统安全的作用过程，才能找出能代表区域生态系统安全程度的各类特征指标，实现对生态系统安全研究和评价的量化过程。

根据区域复合生态系统安全的作用机理分析结果，提出"安全状态–脆性作用–脆性控制"的生态安全预警指标体系构建思路。通过安全作用机理分析可知，决定区域生态安全的主要因素包括生态环境状态、系统脆性作用和系统脆性控制三个方面。区域拥有的自然禀赋、生态环境现状、社会经济发展水平，是区域生态环境的基础，即生态安全的状态因素；自然资源的不合理开发和利用，引起的环境污染、资源浪费、生态破坏等，对生态系统安全构成胁迫效应和隐患，这些隐患因素通过脆性作用和脆性传递，最终导致系统脆性激发，使系统最终崩溃，这是生态安全的脆性作用因素；为规避区域生态环境可能存在的风险，人们通过制度、技术、经济、教育等手段，保持和增强生态系统抵抗生态风险的功能，从系统脆性分析看，这正是对系统脆性控制的过程，即生态安全的脆性控制。

4. 生态安全指标体系构建

根据以上方法和思路，在参考国内外对生态安全评价和预警指标体系相关研究的基础上，构建基于脆性机理分析的区域复合生态系统安全预警指标体系（表5-2）。

表 5-2　区域复合生态系统安全预警指标体系

目标层（object layer）	准则层（criteria layer）	指标层（index layer）
区域复合生态系统安全水平	生态环境状态	人均水资源量（m^3/人）C_1
		水环境指数 C_2
		大气环境指数 C_3
		人均耕地面积（km^2/人）C_4
		畜均草地面积（hm^2/头）C_5
		人均林地面积（km^2/人）C_6
		水土流失面积/土地面积 C_7
		人均 GDP（元/人）C_8
		恩格尔系数 C_9
		三产比重（%）C_{10}
		万人科技人员数（人）C_{11}
		公众环保满意率（%）C_{12}
	系统脆性作用	人均污水排放量（m^3/人）C_{13}
		人均用水量（m^3/人）C_{14}
		人均工业废气排放量（万标 m^3/人）C_{15}
		人均耗能量（tce）C_{16}
		GDP 增长率（%）C_{17}
		人口密度（km^2/人）C_{18}
		城市化率（%）C_{19}
		森林覆盖率（%）C_{20}
		荒漠化率（%）C_{21}
	系统脆性控制	工业废水达标排放率（%）C_{22}
		工业废气处理率（%）C_{23}
		生态环境管理水平 C_{24}
		工业固废利用率（%）C_{25}
		科技投入强度 C_{26}
		环保投入强度 C_{27}
		教育投入强度 C_{28}
		环保教育水平 C_{29}

5.3.2 区域复合生态系统安全等级划分

安全作为一种客观的价值存在，理论上是可以度量的。度量安全的概念称为"安全度"。安全度就是免于危险的客观程度。安全度的总计算分值的结果不能直接用于判断生态环境安全状态的好与差，因此，需要将总计算分值划分为几级，与相应的安全等级相联系，作为生态安全等级的数值标注，以确定生态安全度等级。

运用可拓集合概念，将生态安全分异概念集合中的渐变分类关系由定性描述扩展为定量描述，从而辨识生态安全概念的层次关系。参考相关生态安全评估体系研究结果，将生态安全等级划分为五级，按照生态安全度由劣到优，分别对应于 I（非常不安全状态）、II（不安全状态）、III（较不安全状态）、IV（较安全状态）、V（安全状态），分别对应于红色、橙色、黄色、蓝色和绿色，得到区域生态安全等级划分标准（表5-3）。

表5-3 区域复合生态系统安全等级划分

安全等级 （classification）	安全表征状态（state of ecological security classification）	安全预警 （alter）
I	生态环境受到严重破坏，对人体健康和社会经济发展带来严重威胁，自然资源和环境保护管理滞后，难以实现人口、资源和环境的协调发展	红色预警
II	生态环境受到较大破坏，对人体健康和社会经济发展造成较大影响，生态压力较大，环境政策不合理，阻碍了人口、资源和环境的协调发展	橙色预警
III	生态环境受到一定的破坏，对人体健康和社会经济发展产生一定的影响，环境质量出现恶化，环境管理措施没有力度，环境污染事件时有发生	黄色预警
IV	生态环境较少受到破坏，生态系统功能尚好，对人体健康和社会经济发展没有影响，能承受较轻微的生态胁迫压力，环境管理响应程度高，环境污染事件发生较少	蓝色预警
V	生态环境基本未受干扰破坏，生态系统功能良好，无明显的生态胁迫因子，具有较强的抵御和恢复能力，社会经济政策能有效地保护资源和环境，是人类活动的理想环境	绿色预警

5.3.3 安全标准和指标阈值确定

生态环境安全的标准是系统生态环境安全性的目标值，它标志着理想的生态环境安全状态。从方法论的角度看，生态环境安全预警的实质也就是利用一定模型或方法对预警指标的预测值与安全标准值进行比较，从而得出预警对象未来的生态环境安全程度或预警。所以安全标准选择的过程实际上也就是在既定安全评价指标体系下，评价对象生态环境安全的现状和未来发展状态。如果没有生态环境安全评价的标准，定性和定量评价（预警）将失去意义，评价者也无法判定被评价系统的生态环境安全性是否符合要求和改善到什么程度。

评价标准的确定既需要参考已有的标准成果，又要结合预警分析的具体对象进行修定，可参考的标准源主要有：①国际、国家、行业和地方规定的标准。国家已经颁布的或推荐使用的标准，如土壤环境质量标准（GB 15618—1995）、环境空气质量标准（GB 3095—1996）等。这些标准的制定往往经过很严密的研究，一般可以直接用作评价标准，地方颁布的标准是根据具体地区的特点制定的，往往可代表地域性，也在标准选取之列。②背景和本底标准。以评价区域的环境背景值和本底值作为评价标准。一些评价指标具有很强的累积性，如土壤重金属等，其累积效果往往通过与当地背景值比对后方可体现；也有一些国家、行业均未明确提出标准的指标，也可以使用背景、本地值作为标准。③类比标准，以未受人为活动严重干扰地区或相似地区原始生态环境指标值作为标准。④科学研究中被广泛使用，得到公认的标准。如反映土壤重金属累积污染程度的累积指数对土壤重金属含量的标准等，也可作为评价标准（王初，2007）。

在确定生态安全预警指标体系和安全等级基础上，参考国家、行业和地方规定的环境质量标准、背景和本底标准、类比标准等，通过对研究对象的历史数据统计分析，确定各预警指标对应的各生态安全级别的阈值，这里给出某区域的生态安全预警指标阈值范围（表5-4）。

5.4　区域复合生态系统安全的可拓预警模型

可拓综合分析方法是由我国数学家蔡文先生创立的多元数据量化决策的一种新方法。其主要理论包括物元模型、可拓集合和关联函数。物元是指事物、特征及事物的特征值三者组成的三元组。设事物的名称为 N，其关于特征 C 的量值为 V，则将三元有序组称为事物的基本元，简称物元，记为 $R = (N, C, v)$，其中 N，C，V 称为物元 R 的三要素。可拓理论将逻辑值从模糊数学的 $[0, 1]$ 闭区间拓展到 $(-\infty, +\infty)$ 实数轴，提出表示事物性质变化的可拓集合的概念。为了定量描述事物性质的变化，可拓理论提出关联函数及其计算方法，以关联函数值表征事物具有某种性质的程度及转化过程，实现事物的状态分类和发展态势分析。

表5-4 区域复合生态系统安全预警指标阈值范围

目标层 (object layer)	准则层 (criteria layer)	指标层 (index layer)	红色预警 I很不安全 (very insecurity)	橙色预警 II不安全 (insecurity)	黄色预警 III较不安全 (relatively insecurity)	蓝色预警 IV较安全 (relative safe)	绿色预警 V安全 (safe)
区域复合生态系统安全水平	生态环境状态	人均水资源量(m^3/人)C_1	[100,500)	[500,2 000)	[2 000,5 000)	[5 000,10 000)	[10 000,15 000]
		水环境指数 C_2	[1,0.08]	[0.08,0.06)	[0.06,0.04)	[0.04,0.02)	[0.02,0]
		大气环境指数 C_3	[1,0.08]	[0.08,0.06)	[0.06,0.04)	[0.04,0.02)	[0.02,0]
		人均耕地面积(km^2/人)C_4	[0.000 2,0.000 53)	[0.000 53,0.000 75)	[0.000 75,0.001)	[0.001,0.002 2)	[0.002 2,0.003]
		畜均草地面积(hm^2/头)C_5	[0.003 0,0.013 3)	[0.013 3,0.04)	[0.04,0.08)	[0.08,0.12)	[0.12,0.20]
		人均林地面积(km^2/人)C_6	[0.000 5,0.001 1)	[0.001 1,0.002 5)	[0.002 5,0.004)	[0.004,0.006 4)	[0.006 4,0.008]
		水土流失面积/土地面积 C_7	[0.7,0.5)	[0.5,0.375)	[0.375,0.2)	[0.2,0.05)	[0.05,0.005]
		人均GDP(元/人)C_8	[6 000,8 000)	[8 000,10 000)	[10 000,20 000)	[20 000,30 000)	[30 000,40 000]
		恩格尔系数 C_9	[60,50)	[50,40)	[40,30)	[30,25)	[25,15]
		三产比重(%)C_{10}	[10,15)	[15,25)	[25,35)	[35,45)	[45,55]
		万人科技人员数(人)C_{11}	[100,200)	[200,350)	[350,450)	[450,600)	[600,800]
		公众环保满意率(%)C_{12}	[0.5,0.6)	[0.6,0.7)	[0.7,0.8)	[0.8,0.9)	[0.9,1]
	系统脆性作用	人均污水排放量(m^3/人)C_{13}	[60,35)	[35,25)	[25,15)	[15,8)	[8,0]
		人均用水量(m^3/人)C_{14}	[1 200,800)	[800,600)	[600,400)	[400,200)	[200,100]
		人均工业废气排放量(万标 m^3/人)C_{15}	[5,2)	[2,1.5)	[1.5,1)	[1,0.5)	[0.5,0]
		人均耗能量(吨标煤)C_{16}	[1.5,1)	[1,0.8)	[0.8,0.5)	[0.5,0.3)	[0.3,0]
		GDP增长率(%)C_{17}	[15,14)	[14,12)	[12,10)	[10,8)	[8,6)

续表

目标层 (object layer)	准则层 (criteria layer)	指标层(index layer)	红色预警 I 很不安全 (very insecurity)	橙色预警 II 不安全 (insecurity)	黄色预警 III 较不安全 (relatively insecurity)	蓝色预警 IV 较安全 (relative safe)	绿色预警 V 安全 (safe)
区域复合生态系统安全水平	系统脆性作用	人口密度(km²/人) C_{18}	[800,600]	(600,500]	(500,400]	(400,300]	(300,150]
		城市化率(%) C_{19}	[80,70]	(70,55]	(55,40]	(40,30]	[30,15]
		森林覆盖率(%) C_{20}	[5,10]	[10,20]	[20,35]	[35,45]	[45,65]
		荒漠化率(%) C_{21}	[0.6,0.45]	(0.45,0.35]	(0.35,0.25]	(0.25,0.15]	(0.15,0]
		工业废水达标排放率(%) C_{22}	[20,40]	[40,55]	[55,75]	[75,95]	[95,100]
		工业废气处理率(%) C_{23}	[20,40]	[40,50]	[50,60]	[60,70]	[70,95]
		生态环境管理水平 C_{24}	[0.5,0.6)	[0.6,0.7)	[0.7,0.8)	[0.8,0.95)	[0.95,1]
		工业固废利用率(%) C_{25}	[20,45]	[45,60]	[60,75]	[75,90]	[90,100]
	系统脆性控制	科技投入强度 C_{26}	[0.05,0.01)	[0.01,0.03)	[0.03,0.06)	[0.06,0.08)	[0.08,0.1)
		环保投入强度 C_{27}	[0.002,0.005)	[0.005,0.01)	[0.01,0.02)	[0.02,0.035)	[0.035,0.6)
		教育投入强度 C_{28}	[0.02,0.075)	[0.075,0.1)	[0.1,0.2)	[0.2,0.25)	[0.25,0.4)
		环保教育水平 C_{29}	[0.45,0.6)	[0.6,0.7)	[0.7,0.8)	[0.8,0.9)	[0.9,1]

根据可拓理论和方法，可利用物元模型对安全等级、预警对象进行形式化描述，并采用可拓集合和关联函数确立预警标准和安全关联度，建立表征安全状态的多指标综合预警模型。通过对单预警指标的关联函数计算得到单要素安全水平，利用模型集成得到多指标的综合安全水平，定量表示安全度；以关联度大小对预警对象发展变化趋势进行判断，表征复杂巨系统的动态变化过程，实现动态安全预警。形式化的多元参数模型表示和定量的安全水平及趋势判断。

基于可拓分析的生态安全预警模型具有可扩充性和灵活性，既可以对单个生态安全要素进行针对性的预警分析，又可以将多目标评价归结为单目标决策，对整个区域对象的生态安全状况进行分析。该模型和方法克服了多角度、多因素预警中容易出现的主观片面性，可拓集合中"既是又非"的临界概念，摆脱了经典数学"非此即彼"的二值限制，实现了生态环境"既此亦彼"的动态安全预警，为环境管理部门对环境风险进行有效防范和控制提供科学依据（张强等，2010）。

5.4.1 生态安全的物元模型

为了使人们能够按照一定的程序推导出解决问题的策略，可拓学建立物元（matter-element）、事元（affair-element）、关系元（relation-element）的概念，通称为物元。用形式化语言表达物、事、关系和问题，利用它们可以描述万事万物和问题，描述信息、知识和策略。可用物元对经济–社会–自然系统进行描述。

定义 1：以 N_1 表示区域经济，C_{1m} 表示经济特征，V_{1m} 为 N_1 关于 C_{1m} 的量值，则区域经济 N_1 可用物元模型表示为

$$E_1 = (N_1, C_{1m}, V_{1m})$$

式中，m 为特征维度，$m = 1, 2, \cdots, n$，$C_{1m} = \begin{bmatrix} c_{11} \\ c_{12} \\ \vdots \\ c_{1n} \end{bmatrix}$ 和 $V_{1m} = \begin{bmatrix} v_{11} \\ v_{12} \\ \vdots \\ v_{1n} \end{bmatrix}$ 构成的二元组

(C_{1m}, V_{1m}) 称为经济 N_1 的特征元。当 $m = 1$ 时称为一维物元，$m = n$ 时称为多维物元，一般可用经济规模、经济结构、经济效益等方面的具体指标来反映经济特征。

定义 2：以 N_2 表示自然，C_{2m} 表示自然特征，V_{2m} 为 N_2 关于 C_{2m} 的量值，则环境系统 N_2 可用物元模型表示为

$$E_2 = (N_2, C_{2m}, V_{2m})$$

式中，m 为特征维度，$m = 1$，2，$\cdots$，n，$C_{2m} = \begin{bmatrix} c_{21} \\ c_{22} \\ \vdots \\ c_{2n} \end{bmatrix}$ 和 $V_{2m} = \begin{bmatrix} v_{21} \\ v_{22} \\ \vdots \\ v_{2n} \end{bmatrix}$ 构成的二元组

(C_{2m}, V_{2m}) 称为环境 N_2 的特征元。当 $m = 1$ 时称为一维物元，$m = n$ 时称为多维物元，一般可用环境质量（水环境、大气环境等）和自然资源（水资源、土地资源、矿产资源、生态资源等）反映自然系统特征。

定义3：以 N_3 表示社会，C_{3m} 表示社会发展特征，V_{3m} 为 N_3 关于 C_{3m} 的量值，则社会系统 N_3 可用物元模型表示为

$$E_3 = (N_3, C_{3m}, V_{3m})$$

式中，m 为特征维度，$m = 1$，2，$\cdots$，n，$C_{3m} = \begin{bmatrix} c_{31} \\ c_{32} \\ \vdots \\ c_{3n} \end{bmatrix}$ 和 $V_{3m} = \begin{bmatrix} v_{31} \\ v_{32} \\ \vdots \\ v_{3n} \end{bmatrix}$ 构成的二元组

(C_{3m}, V_{3m}) 称为环境 N_3 的特征元。当 $m = 1$ 时称为一维物元，$m = n$ 时称为多维物元，一般可用人口、科技、政策、法律、制度、文化反映社会发展水平特征。

定义4：区域复合生态系统中某一个关系 r_i 可用 n 个特征和相应的量值构成的 n 维阵列表示，用关系元表示为

$$s_i = \begin{bmatrix} r_i & a_1 & z_1 \\ & a_2 & z_2 \\ & \vdots & \vdots \\ & a_n & z_n \end{bmatrix}$$

式中，(a_1, z_1) 表示关系的前项，即 $z_1 = E_1$；(a_2, z_2) 表示关系的后项，即 $z_2 = E_2$；$((a_3, z_3), \cdots, (a_n, z_n))$ 分别表示复合系统中子系统之间的关系类型、程度、方式、地点等。

定义5：由多个关系元 s_i 构成的复合元 S 为区域复合生态系统，即：

$$R = \begin{bmatrix} S & R_1 & r_1 \\ & R_2 & r_2 \\ & \vdots & \vdots \\ & R_n & r_n \end{bmatrix} = (S, R_i, r_i)$$

R_i 分别表示子系统之间相互联系、相互制约的 n 个关系。

5.4.2 生态安全的经典域、节域和预警对象

设有 m 个生态安全等级 N_1, N_2, $\cdots$, N_m, 建立相应的物元:

$$R_j = (N_j,\ c_i,\ v_{ji}) = \begin{bmatrix} N_j, & c_1, & v_{j1} \\ & c_2, & v_{j2} \\ & \vdots & \vdots \\ & c_n, & v_{jn} \end{bmatrix} = \begin{bmatrix} N_i & c_1, & <a_{j1},\ b_{j1}> \\ & c_2, & <a_{j2},\ b_{j2}> \\ & \vdots & \vdots \\ & c_n, & <a_{jn},\ b_{jn}> \end{bmatrix}$$

式中, N_j 表示所划分的 j 个环境安全等级 $(j=1,\ 2\cdots m)$, C_i $(i=1,\ 2\cdots n)$ 表示安全等级 N_j 的特征, v_{ji} 分别为 N_j 关于 c_j 所规定的量值范围, 即各生态安全等级关于对应特征所取的数值范围, 称 R_j 为生态安全的经典域。对于经典域, 构造其节域 R_P, 且 $R_P \supset R_j$,

$$R_P = (N_P,\ c_i,\ v_{iP}) = \begin{bmatrix} N_P, & c_1, & v_{1P} \\ & c_2, & v_{2P} \\ & \vdots & \vdots \\ & c_n, & v_{nP} \end{bmatrix} = \begin{bmatrix} P_i, & c_1, & <a_{1P},\ b_{1P}> \\ & c_2, & <a_{2P},\ b_{2P}> \\ & \vdots & \vdots \\ & c_n, & <a_{nP},\ b_{nP}> \end{bmatrix}$$

式中, N_P 表示生态安全等级的全体, v_{iP} 为 N_P 关于 c_i 所取的量值范围。

对于待预警对象, 将预警指标信息用物元:

$$R_o = (P_o,\ c_i,\ v_i) = \begin{bmatrix} P_o, & c_1, & v_1 \\ & c_2, & v_2 \\ & \vdots & \vdots \\ & c_n, & v_n \end{bmatrix}$$

表示, 其中 P_o 表示预警对象的名称, v_i 为 P_o 关于 c_i 的量值。

5.4.3 关联度计算及距的确定

待预警对象关于各安全等级的关联度用关联函数计算, 第 i $(i=1,\ 2,\ \cdots,\ n)$ 个指标数值域属于第 j $(j=1,\ 2,\ \cdots,\ m)$ 个安全等级的关联函数为:

$$K_j(v_i) = \begin{cases} \dfrac{\rho(v_i,\ V_{ij})}{\rho(v_i,\ V_{iP}) - \rho(v_i,\ V_{ij})}, & \rho(v_i,\ V_{iP}) - \rho(v_i,\ V_{ij}) \neq 0 \\[2mm] -\rho(v_i,\ V_{ij}) - 1, & \rho(v_i,\ V_{iP}) - \rho(v_i,\ V_{ij}) = 0 \end{cases} \tag{5.1}$$

式中, $K_j(v_i)$ 为各安全因子关于安全级别的关联度; $\rho(v_i,\ V_{ij})$ 为点 v_i 与有限区间 $V_{ij} = <a_{ij},\ b_{ij}>$ 的距; $\rho(v_i,\ V_{iP})$ 为点 v_i 与有限区间 $V_{iP} = <a_{iP},\ b_{iP}>$ 的距。其

中 v_i 为评价因子的实际数值，$V_{ij} = <a_{ij}, b_{ij}>$ 为经典域，$V_{iP} = <a_{iP}, b_{iP}>$ 为节域。其中 $\rho(x, <a, b>) = \left| x - \dfrac{a+b}{2} \right| - \dfrac{b-a}{2}$。

关联度 $K_j(v_i)$ 表征待预警对象各预警指标关于评价等级 j 的归属程度，相当于模糊数学中描述模糊集合的隶属度，模糊数学隶属度为闭区间 $[0, 1]$，而关联度的取值范围是整个实数轴，若 $K_j(v_i) = \max K_j(v_i)$，$j \in (1, 2, \cdots, m)$，则预警指标 v_i 属于等级 j。

5.4.4 预警指标权系数的计算

生态安全的预警指标权系数，采用关联函数方法确定[34]。具体方法为：
设

$$
r_{ij}(v_i, V_{ij}) = \begin{cases} \dfrac{2(v_i - a_{ij})}{b_{ij} - a_{ij}}, & v_i \leqslant \dfrac{a_{ij} + b_{ij}}{2} \\ \dfrac{2(b_{ij} - v_i)}{b_{ij} - a_{ij}}, & v_i \geqslant \dfrac{a_{ij} + b_{ij}}{2} \end{cases}, \tag{5.2}
$$

$(i = 1, 2, \cdots, n; j = 1, 2, \cdots, m)$ 且 $v_i \in V_{iP}$（节域）$(i = 1, 2, \cdots, n)$，则：$r_{y\max}(v_l, V_{ij_{\max}}) = \underset{j}{\text{Max}}\{r_{ij}(v_i, V_{ij})\}$，指标 c_i 的数据落入的类别越大，该指标应赋予越大的权系数，则取：

$$
r_i = \begin{cases} j_{\max} \times (1 + r_{ij_{\max}}(v_i, V_{ij})), & \text{当 } r_{ij_{\max}}(v_i, V_{ij}) \geqslant -0.5 \text{ 时} \\ j_{\max} \times 0.5, & \text{当 } r_{ij_{\max}}(v_i, V_{ij}) < -0.5 \text{ 时} \end{cases} \tag{5.3}
$$

否则，指标 c_i 的数据落入的类别越大，该指标应赋予越小的权系数，则取：

$$
r_i = \begin{cases} (m - j_{\max} + 1) \times (1 + r_{ij_{\max}}(v_i, V_{ij})), & \text{当 } r_{ij_{\max}}(v_i, V_{ij}) \geqslant -0.5 \text{ 时} \\ (m - j_{\max} + 1) \times 0.5, & \text{当 } r_{ij_{\max}}(v_i, V_{ij}) < -0.5 \text{ 时} \end{cases} \tag{5.4}
$$

于是由单个样本数据得到指标 c_i 的权系数为：

$$
a_i = \frac{r_i}{\sum_{i=1}^{n} r_i} \tag{5.5}
$$

则根据第 k 个样本数据得到指标 c_i 的权系数为 $a_{ik}(k = 1, 2, \cdots, n)$，对 n 个样本数据得到的权系数求平均值，即可得到指标 c_i 的权系数为：

$$
w_i = \frac{\sum_{k=1}^{n} a_{ik}}{n} \tag{5.6}
$$

5.4.5 安全等级评定

关联函数 $K(x)$ 的数值表示预警对象符合生态安全级别的隶属程度。预警对象 R_o 关于安全等级 j 的关联度为:

$$K_j(R_0) = \sum_{i=1}^{n} w_i K_j(v_i) \tag{5.7}$$

若 $K_{j_0}(R_0) = \max_{j \in \{1, 2, \cdots, m\}} K_j(R_0)$，则评定 R_o 属于安全等级 j_0。当 $K_j(R_0) > 0$ 时，表示待预警对象符合某安全等级标准的要求，并且其值越大，符合程度越好；当 $-1 \leqslant K_j(R_0) \leqslant 0$ 时，表示待预警对象不符合某安全等级标准的要求，但具备转化为该级标准的条件，并且其值越大，越易转化；当 $K_j(R_0) \leqslant -1$ 时，表示待预警对象不符合某安全等级标准的要求，而且不具备转化为该安全等级的条件，其值越小，表明与某安全等级标准的差距越大。

5.4.6 可拓预警模型的特点

基于可拓分析的生态安全预警模型具有可扩充性和灵活性，既可以对单个生态安全要素进行针对性的预警分析，又可以将多目标评价归结为单目标决策，对整个区域对象的生态安全状况进行分析。该模型和方法克服了多角度、多因素预警中容易出现的主观片面性，可拓集合中"既是又非"的临界概念，摆脱了经典数学"非此即彼"的二值限制，实现了生态环境"既此亦彼"的动态安全预警，为环境管理部门对环境风险进行有效防范和控制提供了科学依据。

第6章 区域复合生态系统安全预警分析实例研究

6.1 陕西省生态安全预警分析

6.1.1 陕西省生态环境概况及生态安全问题

陕西省简称陕或秦，位于中国西北地区东部的黄河中游，地处东经105°29′~111°15′和北纬31°42′~39°35′之间，东隔黄河与山西相望，西连甘肃、宁夏，北邻内蒙古，南连四川、重庆，东南与河南、湖北接壤。全省地域南北长、东西窄，南北长约880km，东西宽160~490km，土地总面积20.56万km²，占全国土地总面积的2.145%，其中黄河流域面积约占全省土地面积的64.8%，长江流域面积占全省土地面积的35.2%。

陕西省资源总量丰富。矿产资源总量居全国第三位，煤炭、石油储量大；水资源呈现南北不均的分布特点；土地资源、生物资源丰富；旅游资源丰富，是全国旅游资源集中的地区。近10年来，全省水资源总量均值为438亿m³，居全国第19位，其中长江流域314亿m³，占72%；黄河流域124亿m³，占28%。陕西内流水系主要分布在定边、榆林、神木等县北部的风沙草滩区，占全省总面积的2.3%。外流水系约占全省面积的97.7%，以秦岭为界，分属于黄河、长江两大流域。全省流域面积在100km²以上的河流有583条，其中黄河水系385条，长江水系221条，内陆河4条。陕西省煤炭资源丰富，有色、建材和贵金属矿产资源在全国占有一定地位，其中煤炭探明储量1659亿t，仅次于山西和内蒙古而占到全国的第三位，主要分布在陕北、渭北地区，以低灰、低硫磷、高发热量为特色。正在开发的神府煤田探明储量1400多亿t，煤层厚、埋藏浅、易开采，为世界七大煤田之一。

陕西省的动物和植物种类繁多。秦岭和大巴山区由于特殊地理位置与海拔，使它成为华北、华中、喜马拉雅等多种植物区系成分的交汇之地，同时也是多种动物区系成分的交汇之地，因而生物种多样性丰富。特别是第四纪冰期时，秦岭的快速隆起，阻减了寒冷气流的南侵，使当时雪线以下地区成为多种古老生物的

"避难所"，因而使许多珍稀生物保存下来，成为珍稀濒危物种较多的区域。目前全省有国家重点保护植物 42 种，国家重点保护野生动物 53 种。拥有独叶草、太白红杉、大熊猫、金丝猴、羚牛、羚羊、朱鹮等大量珍稀濒危植物和珍稀濒危野生动物。另外，秦岭还是我国食虫类动物的发育中心。

陕西省自然地理环境特点可划分为陕北黄土高原、关中平原和秦巴山地三类：陕北黄土高原是我国黄土高原最典型的地区，海拔 900～1500m，占全省面积的 45%，陕北地区黄土层深厚，地层完整，标志明显，地貌类型多样，中国长城遗址贯穿陕北北部，长城以北为毛乌素沙漠，长城以南为多年流水冲蚀切割和水土流失而形成的典型的塬、梁、峁、沟壑等黄土地形。黄河由北向南流，形成陕西和山西两省的交界。黄土高原的河流流速随季节变化差异很大，河水泥沙含量大，全部排入黄河。延河、无定河直接汇入黄河。洛河和葫芦河流入渭河后再汇入黄河。关中平原海拔 320～650m，面积占全省总面积的 19%，人口占全省总人口的 59%。关中平原主要由黄土堆积、河流冲积而成，土壤肥沃，农业发达、人口稠密，全省的大多数城市位于关中地区，是全省的主要农业基地。其中渭河自西向东流经关中平原，东西端点分别是宝鸡和潼关，在陕西境内的流域面积为 3.3 万 km^2，主要支流包括发源于北部黄土高原的泾河、洛河以及源自秦岭山脉北坡的小河流。秦巴山地属于秦岭褶皱带，占全省面积的 36%。秦岭山脉处于陕南北部，海拔 3770m；大巴山位于陕南南部，稍低于秦岭，海拔 2930m。秦岭是我国重要的自然分界线，我国的南方和北方正是以秦岭—淮河一线分界的。秦岭是我国亚热带与暖温带的分界线、湿润区与半湿润区的分界线、河流有无结冰期的分界线、温带落叶阔叶林与亚热带常绿阔叶林的分界线、钙质土与酸性土壤如红壤的分界线、小麦与水稻的分界线、农业旱地与水田的分界线、农作物一年一熟或两年三熟与一年两熟或三熟的分界线、长江水系与黄河水系的分界线。

区域内水资源短缺，生态环境脆弱，矿产资源丰富，是中国的矿产资源大省之一。随着煤炭、石油和天然气等资源的大规模开发，陕西生态环境问题日益突出，水土流失严重、土地荒漠化加剧、森林破坏严重、自然灾害频繁发生。局部地区生态趋于危机和不安全状态，不仅制约陕西省社会经济的发展，而且对西部开发和中东部发展产生重大影响。

6.1.2 研究尺度和数据来源

区域生态安全预警分析包括历史年份的生态安全评价和未来年份的生态安全预警。本书通过对陕西省 1996～2007 年的历史年份生态安全进行评价，检验预警模型的有效性，并利用模型对 2012 年陕西生态安全状态和发展趋势进行预警分析。

本书需要的原始数据主要源于：《中国环境年鉴》（1996～2009 年）、《陕西省统计年鉴》（1996～2009 年）、《陕西省环境状况公报》（1996～2009 年）、《陕西省水资源公报》（1996～2009 年）、《陕西省国民经济和社会发展"十一五"规划》、《陕西省"十一五"环境保护专项规划》、《陕西省"十一五"生态建设专项规划》、《国家环境保护"十一五"规划》等。

6.1.3 陕西省复合生态系统安全预警指标权重计算

利用陕西省 1996～2007 年历史数据作为计算样本，根据式（5.2）～式（5.6），计算陕西省生态安全预警指标权重系数，结果见表 6-1。

表 6-1 陕西省生态安全预警指标权重系数

目标层 （object layer）	准则层 （criteria layer）	指标层 （index layer）	指标权重 （index weight）
区域复合生态系统安全水平	生态环境状态	人均水资源量（m^3/人）C_1	0.0193
		水环境指数 C_2	0.0517
		大气环境指数 C_3	0.0342
		人均耕地面积（km^2/人）C_4	0.0179
		畜均草地面积（hm^2/头）C_5	0.0310
		人均林地面积（km^2/人）C_6	0.0327
		水土流失面积/土地面积 C_7	0.0367
		人均 GDP（元/人）C_8	0.0435
		恩格尔系数 C_9	0.0156
		三产比重（%）C_{10}	0.0499
		万人科技人员数（人）C_{11}	0.0490
		公众环保满意率（%）C_{12}	0.0367
	系统脆性作用	人均污水排放量（m^3/人）C_{13}	0.0435
		人均用水量（m^3/人）C_{14}	0.0367
		人均工业废气排放量（万标 m^3/人）C_{15}	0.0346
		人均耗能量（tce）C_{16}	0.0367
		GDP 增长率（%）C_{17}	0.0227
		人口密度（km^2/人）C_{18}	0.0308

续表

目标层 (object layer)	准则层 (criteria layer)	指标层 (index layer)	指标权重 (index weight)
区域复合生态系统安全水平	系统脆性作用	城市化率（%）C_{19}	0.0544
		森林覆盖率（%）C_{20}	0.0544
		荒漠化率（%）C_{21}	0.0312
	系统脆性控制	工业废水达标排放率（%）C_{22}	0.0490
		工业废气处理率（%）C_{23}	0.0408
		生态环境管理水平 C_{24}	0.0080
		工业固废利用率（%）C_{25}	0.0340
		科技投入强度 C_{26}	0.0272
		环保投入强度 C_{27}	0.0367
		教育投入强度 C_{28}	0.0245
		环保教育水平 C_{29}	0.0163

6.1.4 历史年份生态安全评价

利用式（5.1）计算陕西省 1996～2007 年预警指标对于不同预警级别的安全关联度，利用式（5.7）和表 6-1 的权重系数计算各年的对于不同安全等级的综合安全关联度 $K_j(R_0)$，根据 $K_{j_0}(R_0) = \max\limits_{j \in \{I, II, \cdots, V\}} K_j(R_0)$ 得到生态安全级别，进一步得到计算结果（表 6-2）。

表 6-2 陕西省 1996～2007 年生态安全综合评价结果

安全关联度 (security correlation)	I	II	III	IV	V	安全级别 (classification)	变化趋势 (trend)
$K_j(R_{1996})$	−0.305 94	0.788 52	−0.623 53	−1.053 74	−1.247 26	不安全 II	非常不安全 I
$K_j(R_{1997})$	−0.107 55	0.438 72	−0.223 53	−1.064 02	−1.342 71	不安全 II	非常不安全 I
$K_j(R_{1998})$	−1.030 00	0.628 30	−0.112 72	−1.039 74	−1.313 04	不安全 II	较不安全 III
$K_j(R_{1999})$	−1.026 87	0.180 00	−0.157 14	−1.347 74	−1.832 69	不安全 II	较不安全 III
$K_j(R_{2000})$	−1.162 04	−0.736 86	0.561 43	−1.015 70	−1.163 51	较不安全 III	不安全 II
$K_j(R_{2001})$	−1.906 20	−0.475 33	0.155 60	−1.062 56	−1.440 79	较不安全 III	不安全 II
$K_j(R_{2002})$	−1.025 00	−0.726 62	0.107 50	−0.327 59	−1.636 17	较不安全 III	较安全 IV
$K_j(R_{2003})$	−1.404 53	−0.200 30	0.263 01	−1.142 86	−1.368 42	较不安全 III	不安全 II

安全关联度 （security correlation）	I	II	III	IV	V	安全级别 （classification）	变化趋势 （trend）
$K_j(R_{2004})$	-1.129 37	-0.103 45	0.145 61	-1.240 45	-1.365 57	较不安全III	不安全II
$K_j(R_{2005})$	-1.290 81	-1.073 48	0.263 71	-0.110 40	-1.096 77	较不安全III	较安全IV
$K_j(R_{2006})$	-1.445 36	-1.203 45	-0.205 63	0.112 56	-1.064 42	较安全IV	较不安全III
$K_j(P_{2007})$	-1.827 31	-1.365 85	-0.377 48	0.323 42	-0.093 42	较安全IV	安全V

由模型计算可知，1996～2007 年，陕西省生态环境从"不安全"状态到"较不安全"状态再到"较安全"状态，生态安全呈现逐渐好转趋势。"九五"期间（1996～2000 年）陕西省生态安全水平较低，基本都处于"不安全状态"。到 2000 年（$K_{III}(R_{2000}) = 0.561\,43 > 0$）达到"较不安全状态"，实现了由"不安全"状态向"较不安全"状态的关键性转变。"十五"期间（2001～2005 年），陕西省生态安全关联度的最大值均落在III区间，全省生态安全均处于"较不安全"状态。2006 年首次出现"较安全"（$K_{IV}(R_{2006}) = 0.112\,56 > 0$）的生态环境状态。2007 年全省生态环境为"较安全"（$K_{IV}(R_{2007}) = 0.323\,42 > 0$）状态，且具有向"安全"状态发展（$K_V(R_{2007}) = -0.093\,42$）的良好态势。

以上发展变化说明，多年来陕西省生态环境保护工作成效显著，生态安全问题基本上得到了有效控制。但是从生态安全水平来看，全省生态安全级别较低，均处于"安全"水平以下，整体情况不容乐观。研究结果与陕西省实际情况基本一致，说明基于可拓综合分析方法建立的生态安全预警模型合理、可靠，可用于陕西省未来年份生态安全进行预警分析。

利用第 5 章建立的预警指标体系和预警方法，对陕西省 1996～2007 年生态安全进行评价，计算得到生态环境从"不安全"状态到"较不安全"状态再到"较安全"状态，生态安全整体情况得到不断改善，生态破坏基本上得到了有效控制。但是从整体生态安全水平来看，全省生态安全级别较低，均低于"安全"水平，研究结果与实际情况基本相符。

6.1.5　未来年份生态安全预警

将未来年份（以 2012 年为例）生态安全预警指标值代入预警模型，得到 2012 年陕西省生态安全预警结果（表6-3）。由 $K_{IV}(R_{2012}) = \max\limits_{j \in \{I, II, \cdots, V\}} K_j(R_{2012}) = 0.133\,60$ 计算可知陕西省 2012 年的生态安全等级属于IV，即"较安全"状态；

$K_{\mathrm{III}}(R_{2012}) = -0.074\,42$，$K_{\mathrm{V}}(R_{2012}) = -0.368\,29$，且 $K_{\mathrm{III}}(R_{2012}) > K_{\mathrm{V}}(R_{2012})$，表明具有向"较不安全"状态发展变化的趋势。因此，2012 年陕西省生态安全为"蓝色"预警，生态环境良好，但未来发展形势依然严峻，具有向"黄色"预警发展的恶化趋势。

表6-3　陕西省 2012 生态安全度计算结果

预警指标 （index）	I	II	III	IV	V	安全预警 （alter）	发展趋势 （trend）
$K_j(C_1)$	−1.305 94	0.788 52	−0.623 53	−1.254 02	−1.427 75	橙色	黄色
$K_j(C_2)$	−1.030 00	−1.028 30	0.213 74	−0.339 74	−1.230 94	黄色	蓝色
$K_j(C_3)$	−1.132 35	−1.180 00	−0.157 14	0.344 44	−0.432 69	蓝色	黄色
$K_j(C_4)$	−1.012 04	−0.736 86	−0.561 43	0.315 70	−0.193 51	蓝色	绿色
$K_j(C_5)$	−0.606 50	−0.475 33	−0.055 60	0.062 56	−0.440 79	蓝色	黄色
$K_j(C_6)$	−1.025 00	−0.526 32	−0.187 50	0.327 59	−0.426 47	蓝色	黄色
$K_j(C_7)$	−1.230 01	−0.438 76	−0.137 60	0.142 86	−0.368 42	蓝色	黄色
$K_j(C_8)$	−1.179 49	−0.103 45	−0.085 71	0.360 00	−0.066 67	蓝色	绿色
$K_j(C_9)$	−1.090 91	−0.377 78	−0.200 00	0.120 00	−0.096 77	蓝色	绿色
$K_j(C_{10})$	−0.427 31	−0.365 85	−0.277 78	0.625 00	−0.350 00	蓝色	黄色
$K_j(C_{11})$	−1.003 64	−0.466 67	−0.200 00	0.200 00	−0.142 86	蓝色	绿色
$K_j(C_{12})$	−1.325 58	−0.161 21	−0.121 00	0.171 43	−0.155 56	蓝色	黄色
$K_j(C_{13})$	−1.413 74	−0.260 61	0.054 05	−0.345 45	−0.700 85	黄色	橙色
$K_j(C_{14})$	−0.442 31	−0.236 84	0.260 87	−0.171 43	−0.508 47	黄色	蓝色
$K_j(C_{15})$	−1.259 62	−0.158 42	0.052 31	−0.023 84	−0.526 15	黄色	蓝色
$K_j(C_{16})$	−0.444 44	−0.375 00	0.666 67	−0.285 71	−0.583 33	黄色	蓝色
$K_j(C_{17})$	−1.142 86	−0.290 00	−0.250 00	0.454 55	−0.171 43	蓝色	绿色
$K_j(C_{18})$	−0.525 00	−0.366 67	−0.050 00	0.055 56	−0.424 24	蓝色	黄色
$K_j(C_{19})$	−0.350 00	−0.250 30	−0.052 30	0.232 10	−0.251 43	蓝色	黄色
$K_j(C_{20})$	−1.625 00	−0.500 00	−0.240 00	0.430 23	−0.250 00	蓝色	黄色
$K_j(C_{21})$	−0.435 00	−0.246 67	−0.031 43	0.033 54	−0.290 79	蓝色	黄色
$K_j(C_{22})$	−0.622 22	−0.400 00	0.300 00	−0.533 33	−0.650 00	黄色	橙色
$K_j(C_{23})$	−1.428 57	−0.190 00	0.333 33	−0.200 00	−0.428 57	黄色	橙色
$K_j(C_{24})$	−1.695 56	−0.608 57	−0.452 00	0.286 67	−0.104 84	蓝色	绿色

续表

预警指标 （index）	I	II	III	IV	V	安全预警 （alter）	发展趋势 （trend）
$K_j(C_{25})$	−1.454 55	−0.250 00	−0.200 00	0.142 86	−0.333 33	蓝色	黄色
$K_j(C_{26})$	−1.454 55	−0.342 86	−0.212 10	−0.154 55	0.125 30	绿色	蓝色
$K_j(C_{27})$	−1.428 57	−0.250 00	−0.150 00	0.333 33	−0.636 36	蓝色	黄色
$K_j(C_{28})$	−1.476 92	−0.433 33	−0.150 00	0.633 33	−0.105 26	蓝色	绿色
$K_j(C_{29})$	−1.358 82	−0.266 67	−0.160 00	0.542 86	−0.064 44	蓝色	绿色
综合安全关联 度*$K_j(R_{2012})$	−1.037 16	−0.383 58	−0.074 42	0.133 60	−0.368 29	蓝色	黄色

* Integrated Security Correlation

根据预警分析可知，陕西省 2012 年整体生态环境良好，但恶化趋势明显，生态环境保护形势依然严峻，尤其是部分短板因素对整体生态安全将造成严重威胁。水资源短缺、水污染、大气环境污染将是影响陕西省生态安全的主要因素。在未来的生态环境保护工作中，只有采取积极有效的预防和控制措施，才能保证陕西生态环境达到"较安全"的状态。

对陕西省 2012 年生态安全状况进行预警，表明在实施环境目标的情景下，2012 年生态安全为"蓝色"预警，且具有向"黄色"预警发展的趋势。水资源短缺是影响陕西生态安全的主要因素，为"橙色"预警。环保科技基础较好，为"绿色"预警。因此，在未来生态安全建设中，应充分发挥科技资源优势，节约水资源、控制水污染，提高资源利用效率，控制和减少人类活动对生态系统的压力，提高生态安全免疫功能，全面系统地保障区域生态安全向更高水平发展。

6.2　丝绸之路经济带上区域生态安全评价
——以祁连山冰川与水涵养生态功能区中重点区县为例

"丝绸之路"被德国地理学家斐迪南·冯·李希霍芬首先提出后，国内外学者开展了一系列相关研究（李泽红等，2014）。2013 年 9 月，习近平在哈萨克斯坦纳扎尔巴耶夫大学发表演讲时，提出共建"丝绸之路经济带"的倡议，提出在亚欧大陆通过交通、能源、信息等领域的互联互通，形成一个新的经济发展区域和独特的地缘经济合作方式（孙壮志，2014）。各个领域的学者从不同视角对"丝绸之路经济带"的核心内涵（胡鞍钢等，2014）、外延（马莉莉等，2014）、发展合作机制（申蕾，2014）和可持续发展能力测度等问题进行大量研究（曹飞，2015），其中"丝绸之路经济带"上的生态环境问题也受到学者的高度关注，认为生态安全是"丝绸之路经济带"建设的根本和基础（王勋陵，1999；杜忠潮，1996）。

6.2.1 祁连山冰川与水涵养生态功能区

祁连山冰川与水源涵养生态功能区是"丝绸之路经济带"上国家重点生态功能保护区，具有特殊的地理位置和重要的生态区位特征，包含了大冰川、小冰川共计2859条，冰的储量达到811.2亿 m^3，同时，在功能区内分布着丰富的森林、湿地、草地、冰川、雪山资源，祁连山北麓形成56条支流，灌溉了河西走廊和内蒙古额济纳旗的70万 hm^2 农田、110万 hm^2 林地和800万 hm^2 草场，保障了河西走廊500多万人口的生产生活用水。对维系甘肃河西走廊水源和内蒙古绿洲的水源，保障西北地区乃至国家生态安全都有着十分重要的意义。目前，该区域气温升高、冰川退缩，出山径流明显减少、森林质量下降、水资源供需矛盾突出，物种减少、病虫害蔓延，生态环境呈局部治理、整体恶化趋势，对山区与河西走廊生态安全构成了巨大威胁。祁连山冰川与水源涵养生态功能区覆盖甘肃省的11个区县和青海省的4个县，总面积185 194km²。本书将以甘肃省境内的11个区县作为研究对象开展研究，如图6-1所示。

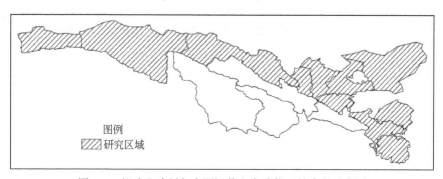

图6-1　祁连山冰川与水源涵养生态功能区甘肃段示意图

6.2.2 研究尺度和数据来源

对祁连山冰川与水涵养生态功能区2013年的生态安全状态进行评价，并对2015年生态安全状态进行预测。研究的空间范围为甘肃省以内的祁连山冰川与水涵养区生态功能区，包括山丹县、古浪县、民乐县等十一个县域。地图数据采用甘肃省1∶25万行政区划、数字高程模型（DEM），来源于甘肃省地理信息中心。统计数据主要来源于《中国环境年鉴》《甘肃省环境状况公报》《甘肃省水资源公报》《甘肃省统计年鉴》和所研究 11 个区县的统计年鉴、环境公报和相关规划。专题地图数据从《甘肃省国土资源地图集》《武威市地图集》等资料中获取,经过整理并数字化获得。

6.2.3 评价权重确定

在 5.3 节给出的区域复合生态系统安全预警指标体系的基础上,结合祁连山冰川与水涵养生态功能区特点,建立该区域的生态安全评价指标体系。以研究区域内各行政区 2002~2012 年数据作为计算样本,根据公式(5.2)~式(5.6),计算祁连山冰川与水涵养生态功能区生态安全评价指标权重系数,结果见表6-4。

表 6-4 安全评价指标权重系数

目标层 (object layer)	准则层 (criteria layer)	指标层 (index layer)	指标权重 (index weight)
区域生态系统 安全水平	生态环境状态	人均水资源量(m³/人)	0.0493
		大气环境指数	0.0742
		人均耕地面积(km²/人)	0.0679
		草地面积/土地面积	0.0701
		人均林地面积(km²/人)	0.0727
		水土流失面积/土地面积	0.0766
		人均 GDP(元/人)	0.0834
	系统脆性作用	人均用水量(m³/人)	0.0467
		人均耗能量(tce)	0.0467
		GDP 增长率(%)	0.0327
		人口密度(km²/人)	0.0308
		城市化率(%)	0.0544
		森林覆盖率(%)	0.0544
		荒漠化率(%)	0.0412
	系统脆性控制	工业废水达标排放率(%)	0.0390
		工业废气处理率(%)	0.0308
		生态环境管理水平	0.0080
		工业固废利用率(%)	0.0340
		科技投入强度	0.0262
		环保投入强度	0.0362
		教育投入强度	0.0245

6.2.4 安全评价分析

在 ArcGIS9.X 以后，Python 被 ESRI 引入到 GIS 平台中，将 GIS 的空间分析工具封装到了 Arcgisscripting 包中，自 ArcGIS10.0 开始，站点包变更为 Arcpy，更好地继承了 Arcgisscripting 包（潘雪婷，2010），可以直接使用 Python 语言调用站点包中的工具自动化处理脚本语言。用 Python 将可拓评价模型表达出来，使用 from−import 语句将 Python 程序导入 env 类，调用 env 类，在 GIS 中运行评价模型，得到评价结果并可视化表达。

将建立的评价指标体系和预警模型采用上述方法在 GIS 平台中进行软件实现，采用信息图谱方法，生成祁连山冰川与水涵养生态功能区 2013 年生态安全评价结果，如图 6-2 所示。采用同样的方法，对 2015 年进行计算，得到该区域 2015 年生态安全评价结果图谱，如图 6-3 所示。安全评价等级划分采用 5.3.2 节提出的方法。

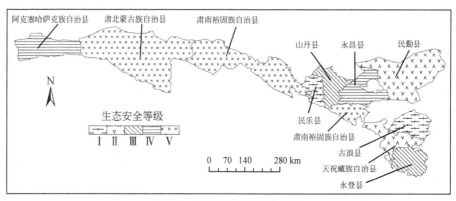

图 6-2　2013 年生态安全评价

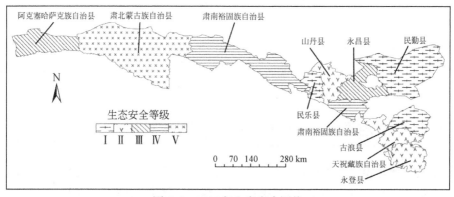

图 6-3　2015 年生态安全评价

由图 6-2 可知，祁连山冰川与水涵养生态功能区的生态安全整体形势较好，大部分区域生态安全等级处于Ⅲ以上，其中肃北、肃南达到Ⅴ级，阿克塞和永昌Ⅳ级，山丹和永登处于Ⅲ级。但是，部分区域，如民乐、古浪、天祝、民勤生态环境不容乐观，尤其是民乐和古浪出现红色预警。从图 6-2 与图 6-3 比较分析看，祁连山冰川与水涵养生态功能区生态环境恶化趋势明显，尤其是民勤县从 2013 年的Ⅱ级转向 2015 年的Ⅰ级，出现了红色预警；山丹县、永昌县、永登等都有向低一级发展的趋势。从以上结果看，祁连山冰川与水涵养生态功能区作为丝绸之路经济带上的重点生态功能区，生态安全问题依然是这些区域经济社会发展的重点，在积极参与区域经济合作和竞争的同时，不能减小生态环境保护的力度，使得区域生态安全和经济社会能够稳健发展。

6.2.5 结论与讨论

（1）利用本书提出的区域生态安全评价指标体系和综合评价模型，同时结合 GIS 空间分析方法，对祁连山冰川与水涵养生态功能区生态安全进行计算分析。得到研究区内生态安全等级正在发生变化，整体上可能出现恶化趋势，如民勤县由等级Ⅱ转向等级Ⅰ，同时山丹县、永昌县等都有向生态安全低级别变化的趋势，研究结果与实际情况基本相符。

（2）丝绸之路经济带上的生态系统安全是丝绸之路经济带建设和丝绸之路生态文明建设的基础和支撑，这些区域生态环境较为脆弱，自身生态环境在系统脆弱性作用和系统脆性控制下，变得较为敏感。因此，丝绸之路经济带上的脆弱生态环境所面临的威胁也更加严重，所以，一方面要做好丝绸之路经济带上的生态保护和生态建设，另一方面要协调好丝路开发与区域生态安全保护的关系。

（3）生态安全评价模型使用可拓分析方法，不但具有可扩充性而且使评价模型更加灵活，既可以对单个生态安全要素进行针对性的评价分析，又可以将多目标评价归结为单目标决策，再结合 GIS 本身具有的空间分析方法和可视化能力，能够实现整个区域生态安全状况的综合分析。不仅在模型和方法上克服了在多角度、多因素评价中容易出现的主观性和片面性，而且为生态环境管理部门对生态环境风险进行有效防范和控制提供了科学依据。

6.3 水资源安全计量分析研究——基于 VAR 模型

水是生命之源，是人类赖以生存的环境基础。我国作为水资源严重短缺的国家，水资源成为影响区域生态安全的关键性因素。本书面向生态安全，选择区域复合生态系统中关键经济指标和水资源利用指标，以建立经济计量模型为主要手段，基于 VAR 模型的计量经济分析（赵卫亚等，2008），利用 1980～2007 年中国主要用水指标和 GDP 数据，对中国经济增长与水资源利用之间的关系进行研究，通过对二者之间的协整检验、Granger 因果关系分析、广义脉冲响应和预测方差分解分析，揭示水资源利用与经济增长之间的作用关系，解释生态安全系统脆性作用机理过程，同时，为解决经济社会发展中水资源短缺问题和区域生态安全提供科学依据。

6.3.1　中国水资源利用发展变化

中国是一个干旱缺水严重的国家。淡水资源总量为 28 000m³，占全球水资源的 6%，仅次于巴西、俄罗斯和加拿大，居世界第四位，但人均只有 2300m³，仅为世界平均水平的 1/4、美国的 1/5，在世界上名列 121 位，是全球 13 个人均水资源最贫乏的国家之一。随着经济的快速增长，用水量不断增加，水资源短缺已经成为威胁区域生态安全的主要因素之一。新中国成立以来各行业用水量变化情况见表 6-5。

表 6-5　1949～2007 年全国用水变化统计表

年份	农业用水		工业用水		生活用水量		总用水量（亿 m³）
	用水量（亿 m³）	所占比例（%）	用水量（亿 m³）	所占比例（%）	用水量（亿 m³）	所占比例（%）	
1949	1001	97.09	24	2.33	6	0.58	1031
1959	1938	94.63	96	4.69	14	0.68	2048
1965	2545	92.75	181	6.59	18	0.66	2744
1980	3912	88.17	457	10.29	68	1.53	4437
1993	4005	77.05	906	17.43	287	5.52	5198
1997	4198	75.42	1121	20.14	525	9.43	5566
1998	3766	69.29	1125	20.69	544	10.01	5435
1999	3869	69.20	1159	20.73	563	10.07	5591
2000	3784	68.83	1139	20.72	575	10.46	5498
2001	3825	68.71	1141	20.49	601	10.79	5567
2002	3738	68.00	1143	20.79	616	11.21	5497
2003	3431	64.49	1176	22.11	713	13.40	5320
2004	3584	64.59	1221	22.01	743	13.39	5548

续表

| 年份 | 农业用水 | | 工业用水 | | 生活用水量 | | 总用水量 |
	用水量 （亿 m³）	所占比例 （%）	用水量 （亿 m³）	所占比例 （%）	用水量 （亿 m³）	所占比例 （%）	（亿 m³）
2005	3583	63.61	1284	22.79	766	13.59	5633
2006	3662	63.19	1344	23.19	788	13.59	5795
2007	3602	61.90	1402	24.09	815	14.01	5819

资料来源：中国可持续发展水资源战略研究报告；《中国水资源公报》（1997～2007年）

多年来，全国用水量增长迅速，如图6-4所示。1949年估计为1031亿 m³，到1959年翻了一番；1980年全国用水总量达4437亿 m³，与1965年相比，年均增长约为3.3%；1993年与1980年相比，全国用水量年均增长59亿 m³，增长率为1.2%；1997年全国总用水量为5566亿 m³，与1993年相比，年均增长率为1.7%，年均增幅为92亿 m³。但从1997年开始，总用水量下降并保持平稳趋势，2004年开始出现上升趋势，但是上升趋势较为缓慢，表明随着经济增长，总用水量增长率逐渐减小，这与世界发达国家用水量已达到零增长甚至负增长的发展趋势是一致的，我国通过提高水资源利用、控制人口增长等措施，实现用水量的零增长是完全可以实现的。

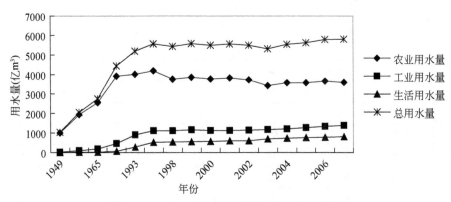

图6-4　1949～2007年中国用水量变化示意图

从用水结构来看，我国农业用水占全部用水的比重较高，但始终呈递减趋势：由1949年的97.1%下降到1980年的88.2%、1993年的78.1%、1997年的75.4%和2007年的61.9%。工业和生活用水快速上升，工业用水占总用水量的比重在1949年仅为2.3%，而1997年上升为20%，到2007年为24.1%。生活用水增长更加迅速，1980～1997年的年均增长率为7.9%。随着工业化进程的加快和城镇化水平的提高, 如果不加以管理和控制, 这种趋势仍将持续下去 (钱正英和张光斗, 2001)。

6.3.2 数据处理与模型建立

1. 数据处理

对经济增长和水资源利用两方面选取具有代表性指标变量进行计量分析。GDP 是以一个国家或地区所有常住经济单位的生产成果为对象进行核算, 覆盖国民经济所有行业, 并具有国际上通用的核算原则与方法, 是衡量国家之间、地区之间经济活动总量的国际通用指标。因此, 选用 GDP 作为度量经济增长的指标, 单位为亿元。按照水资源使用结构, 将用水分为农业用水、工业用水、生活用水和生态用水, 由于生态用水量较小, 加之生态用水是近几年开始作为单独的指标进行统计, 为了研究方便, 将其归入生活用水中计算。因此, 选取总用水量、农业用水量、工业用水量和生活用水量作为水资源利用指标, 单位为亿 m^3。

水资源专门统计工作开始相对较晚, 中国自 1997 年才开始正式编制《中国水资源公报》, 这给水资源统计研究本身带来一定困难。鉴于数据的可靠性和可得性, 样本区间确定为 1980~2007 年。GDP 数据源自《中国统计年鉴》(1980~2007 年); 1997~2007 年水资源数据源自《中国水资源公报》, 1980~1997 年水资源数据在查阅《中国统计年鉴》《城市建设统计年报》《中国城市年鉴》《中国水利年鉴》《中国农业年鉴》《中国工业年鉴》《中国环境年鉴》和相关研究成果基础上, 进行计算和统计, 对部分缺失的数据采用灰度预测和专家评估等方法进行数据填充。

为避免数据的剧烈波动, 消除可能存在的异方差, 考虑到对时间序列数据进行对数化后容易得到平稳序列, 并且还不会改变时序数据的特征, 对 GDP、总用水量、农业用水量、工业用水量、生活用水量数据序列进行对数化处理, 分别命名为 LNGDP、LNTAL、LNAGR、LNIND、LNLIV。

2. VAR 模型建立

本书分析的 VAR 模型为中国经济增长与水资源利用指标之间的双变量系统, 需要建立 GDP 与总用水量、GDP 与农业用水量、GDP 与工业用水量、GDP 与生活用水量 4 个双变量 VAR 模型。根据上述的数据分析, 利用 EVIEWS5.1 对动态方程的参数进行估计见表 6-6。模型中各变量均经过取对数处理, 从方程的拟合度和系数的显著性，以及滞后阶数判断的 AIC 准则综合考虑，取各变量的最大滞后阶数为 2。

表 6-6　GDP、总用水量、农业用水量、工业用水量、生活用水量向量自回归方程参数估计

变量序列	LNGDP	LNTAL	LNAGR	LNIND	LNLIV
LNGDP (−1)	1. 674 263 (0. 223 79)	0. 089 460 (0. 065 57)	0. 051 082 (0. 099 58)	0. 096 555 (0. 098 08)	0. 305 037 (0. 312 10)
LNGDP (−2)	−0. 695 494 (0. 251 83)	−0. 074 425 (0. 073 78)	−0. 055 773 (0. 112 06)	−0. 118 195 (0. 110 37)	0. 225 699 (0. 351 19)
LNTAL (−1)	−2. 727 481 (6. 134 26)	0. 686 996 (1. 797 31)	0. 800 429 (2. 729 67)	1. 819 958 (2. 688 57)	−19. 518 35 (8. 554 77)
LNTAL (−2)	1. 638 523 (4. 863 14)	−0. 189 200 (1. 424 88)	−1. 109 445 (2. 164 04)	−0. 360 201 (2. 131 46)	8. 773 714 (6. 782 08)
LNAGR (−1)	1. 481 525 (3. 661 36)	−0. 306 048 (1. 072 77)	−0. 120 730 (1. 629 26)	−1. 121 069 (1. 604 73)	10. 575 73 (5. 106 10)
LNAGR (−2)	−1. 376 245 (3. 136 35)	0. 208 776 (0. 918 94)	0. 837 636 (1. 395 64)	0. 326 308 (1. 374 63)	−6. 364 129 (4. 373 92)
LNIND (−1)	0. 005 576 (1. 345 21)	0. 092 240 (0. 394 14)	−0. 072 224 (0. 598 60)	0. 344 880 (0. 589 59)	4. 851 276 (1. 876 01)
LNIND (−2)	0. 046 889 (0. 931 86)	−0. 041 466 (0. 273 03)	0. 213 654 (0. 414 67)	−0. 061 015 (0. 408 42)	−3. 467 230 (1. 299 56)
LNLIV (−1)	0. 167 470 (0. 268 57)	0. 007 585 (0. 078 69)	−0. 032 305 (0. 119 51)	0. 061 031 (0. 117 71)	0. 918 303 (0. 374 55)
LNLIV (−2)	−0. 037 792 (0. 267 52)	−0. 014 461 (0. 078 38)	−0. 007 572 (0. 119 04)	0. 045 501 (0. 117 25)	−0. 190 918 (0. 373 08)
C	7. 624 120 (13. 668 8)	4. 631 756 (4. 004 90)	4. 281 761 (6. 082 44)	−1. 409 485 (5. 990 87)	43. 832 63 (19. 062 3)
R-squared	0. 998 804	0. 957 348	0. 816 456	0. 993 052	0. 988 879

对于 VAR 模型而言，如果 VAR 模型所有根模的倒数小于 1，即位于单位圆内，则 VAR 模型是稳定的。如果模型不稳定，则某些结果不是有效的，如脉冲响应函数的标准差。通过检验，表 6-7 和图 6-5 可以判定 VAR 模型是稳定的，可以进行脉冲响应分析。

表 6-7 VAR 模型滞后结构检验

Root	Modulu
0. 925 188−0. 058 577i	0. 927 040
0. 925 188+0. 058 577i	0. 927 040
0. 758 317−0. 371 608i	0. 844 474
0. 758 317+0. 371 608i	0. 844 474
0. 585 277−0. 320 949i	0. 667 501
0. 585 277+0. 320 949i	0. 667 501
−0. 414 090−0. 326 850i	0. 527 543
−0. 414 090+0. 326 850i	0. 527 543
−0. 102 836−0. 289 354i	0. 307 084
−0. 102 836+0. 289 354i	0. 307 084

No root lies outside the unit circle; VAR satisfies the stability condition

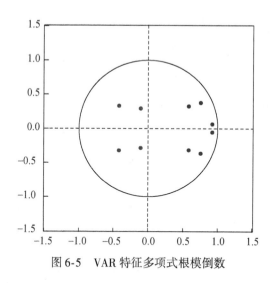

图 6-5 VAR 特征多项式根模倒数

6.3.3 单位根检验和协整关系检验

现实中的经济变量往往是非平稳的，若是直接对这些变量之间的关系做分析，则可能产生"伪回归"现象，从而导致不正确的结论。协整分析能够很好地解决上述问题，所谓协整是指两个或多个非平稳的变量序列某个线性组合后的序列呈平稳性。经济意义在于两个变量虽然具有各自的长期波动规律，但如果是协整的，那么它们之间存在着一个长期稳定的比例关系，反之，如果两个变量具有各自的长期波动规律，但如果不是协整的，它们之间就不存在一个长期稳定的关系。

1. 单位根检验

在进行协整分析之前，首先需要检验被分析序列变量是否平稳，即单位根检验。所谓序列的平稳性是指一个序列的均值（mean）、方差（variance）和自协方差（auto-covariance）是否平稳。常用的单位根检验方法 DF 检验由于不能保证方程中的残差项是白噪声（white noise），所以 Dickey 和 Fuller 对 DF 检验法进行扩充，形成 ADF（augented dickey-fuller test）检验，这是目前普遍应用的单位根检验方法（李子奈，2002）。选用 ADF 法对变量进行平稳性检验，其模型为：

模型Ⅰ：

$$\Delta x_t = (\rho - 1)x_{t-1} + \sum_{i=1}^{k} \theta_i \Delta x_{i-1} + \varepsilon_t \tag{6.1}$$

模型Ⅱ在模型Ⅰ中加入常数项：

$$\Delta x_t = \alpha + (\rho - 1)x_{t-1} + \sum_{i=1}^{k} \theta_i \Delta x_{i-1} + \varepsilon_t \tag{6.2}$$

模型Ⅲ在模型Ⅱ中加入时间趋势项：

$$\Delta x_t = \alpha + \beta t + (\rho - 1)x_{t-1} + \sum_{i=1}^{k} \theta_i \Delta x_{i-1} + \varepsilon_t \tag{6.3}$$

构造 t 统计量，计算得到 t 统计量的值，然后从 ADF 分布表中查出给定显著性水平下的临界值，并作假设检验：$H_0: \rho = 1$；$H_1: \rho < 1$。检验时从模型Ⅲ开始，然后到模型Ⅱ、模型Ⅰ。如果 t 统计量的绝对值大于临界值，则接收原假设 H_0 而拒绝备择假设 H_1，则说明序列 x_t 存在单位根，因而序列 x_t 是非稳定的；否则说明序列 x_t 不存在单位根，即是稳定的。模型中加入 k 个滞后变量是为了使残差项变为白噪声。对于非稳定变量，还需检验其一阶或者二阶差分的稳定性。如果变量的一阶差分是稳定的，则称此变量是 I（1）的，依此类推。所有变量差分阶数都相同是变量之间存在协整关系的必要条件。通过 ADF 检验，水资源利用与经济增长各变量时间序列的平稳性如表6-8所示，由于样本容量的限制，最大滞后阶数取3。

表 6-8　变量序列的单位根检验（ADF）结果

变量序列	ADF 检验值	1% 显著水平	5% 显著水平	滞后期	结论
LNGDP	−0.780 053	−3.724 070	−2.986 225	2	非平稳
DLNGDP	−3.042 874	−3.752 964	−2.998 064	3	平稳
LNTAL	−1.957 131	−3.699 871	−2.976 263	0	非平稳
DLNTAL	−5.321 970	−3.711 457	−2.981 083	0	平稳
LNARG	−0.950 253	−3.699 871	−2.976 263	0	非平稳
DLNARG	−6.757 378	−3.711 457	−2.981 038	0	平稳
LNIND	−0.702 972	−3.737 853	−2.991 878	3	非平稳
DLNIND	−4.386 662	−3.737 853	−2.991 878	2	平稳
LNLIV	−1.809 126	−3.711 457	−2.981 038	1	非平稳
DLNLIV	−4.530 659	−3.711 457	−2.981 038	0	平稳

注：D 表示一阶差分

由检验结果表明，样本期间，在 5% 的显著水平下，接收所有变量序列水平值有单位根的假设，拒绝所有变量一阶差分存在单位根的假设。检验结果说明，1980～2007 年的 LNGDP、LNTAL、LNARG、LNIND 和 LNLIV 序列一阶差分都是平稳的，表明 GDP 与用水总量、工业用水量、农业用水量、生活用水量之间可能存在协整关系，可以进一步检验其协整性。

2. 协整关系检验

用 X_t 表示 $N \times 1$ 阶时间序列向量 $(X_{t1}, X_{t2}, \cdots, X_{tn})'$。①若所含有的全部变量都是 $I(d)$ 阶单整的；②若存在一个 $N \times 1$ 阶向量 $\beta(\beta \neq 0)$，使得 $\beta' X_t \sim I(d-b)$，则称 X_t 的各分量存在 d，b 阶协整关系。检验变量间协整关系的方法有 EC 两步法和 Johansen 极大似然法两种。EC 两步法是 Engle 和 Granger 于 1987 年提出的，用来检验两个变量之间协整关系的一种方法。采用这种简便的方法来检验 GDP 与工业用水量、GDP 与生活用水量之间的协整关系，具体检验步骤为：

（1）用 OLS 分别对 LNGDP 和 LNGYS、LNGDP 和 LNSHS 进行静态回归，回归方程如下：

$$LNGDP = -135.758\ 4 + 17.083\ 07LNTAL + \mu_{1t} \qquad (6.4)$$

$$LNGDP = 186.110\ 2 - 21.270\ 85LNARG + \mu_{2t} \qquad (6.5)$$

$$LNGDP = -18.320\ 52 + 4.213\ 096LNIND + \mu_{3t} \qquad (6.6)$$

$$LNGDP = -0.355\ 809 + 1.856\ 753LNLIV + \mu_{4t} \qquad (6.7)$$

（2）分别检验四个残差序列的单整阶数，方法与检验 GDP 序列平稳性的方法相同，结果如表 6-9 所示。

表 6-9　协整方程序列 ADF 检验结果

变量序列	ADF 检验值	1% 显著水平	5% 显著水平	结论
$\hat{\mu}_{1t}$	−2.586 832	−2.653 401	−1.953 858	平稳
$\hat{\mu}_{2t}$	−2.862 197	−3.788 030	−3.012 363	非平稳
$\hat{\mu}_{3t}$	−2.775 346	−2.674 290	−1.957 204	平稳
$\hat{\mu}_{4t}$	−2.526 763	−2.656 915	−1.954 414	平稳

由检验结果可知，回归方程的残差序列 $\hat{\mu}_{1t}$、$\hat{\mu}_{3t}$ 和 $\hat{\mu}_{4t}$ 的 ADF 检验值分别小于显著水平 5% 时的临界值，而残差序列 $\hat{\mu}_{2t}$ 的 ADF 检验值大于 5% 显著水平，即残差序列 $\hat{\mu}_{1t}$、$\hat{\mu}_{3t}$ 和 $\hat{\mu}_{4t}$ 是平稳序列，$\hat{\mu}_{2t}$ 是非平稳序列。说明 LNGDP 与 LNTAL、LNGDP 与 LNIND、LNGDP 与 LNLIV 之间存在协整关系，因此，总用水量、工业用水量、生活用水量与经济增长之间具有长期的均衡关系，而农业用水量与经济增长之间不具有长期的均衡关系。

6.3.4　误差修正模型与格兰杰因果检验

1. 误差修正模型

根据 Granger 定理，一组具有协整关系的变量具有误差修正模型的表达形式。因此，在协整检验的基础上，建立包括误差修正项在内的误差修正模型，以此来研究水资源利用与经济增长之间的短期动态和长期调整特征。由式（6.4）、式（6.6）、式（6.7）估计误差修正序列为：

$$\text{ecm}_{1t} = \text{LNGDP} + 135.758\ 4 - 17.083\ 07\text{LNTAL} \tag{6.8}$$

$$\text{ecm}_{3t} = \text{LNGDP} + 18.320\ 52 - 4.213\ 096\text{LNIND} \tag{6.9}$$

$$\text{ecm}_{4t} = \text{LNGDP} + 0.355\ 809 - 1.856\ 753\text{LNLIV} \tag{6.10}$$

将其代入误差修正模型并用 OLS 法估计其系数，得到 GDP 与总用水量之间的误差修正模型为：

$$\Delta \text{LNGDP}_t = 0.055 + 0.666\Delta \text{LNGDP}_{t-1} - 0.263\Delta \text{LNTAL}_{t-1}$$
$$(2.2129) \qquad\qquad (4.2980)$$
$$- 0.007(\text{LNGDP}_{t-1} + 135.8 - 17.08\ \text{LNTAL}_{t-1}) \tag{6.11}$$
$$(-0.4658) \qquad\qquad\qquad (-0.2630)$$

$$\Delta LNTAL_t = 0.002 + 0.037\Delta LNTAL_{t-1} + 0.057\Delta LNGDP_{t-1}$$
$$(0.1896) \qquad\qquad (0.1877)$$
$$+ 0.021(LNGDP_{t-1} + 135.8 - 17.08LNTAL_{t-1}) \qquad (6.12)$$
$$(1.0463) \qquad\qquad\qquad (2.2956)$$

GDP 与工业用水量之间的误差修正模型为：

$$\Delta LNGDP_t = 0.058 + 0.647\Delta LNGDP_{t-1} - 0.096\Delta LNIND_{t-1}$$
$$(2.2343) \qquad\qquad (4.2318)$$
$$- 0.015(LNGDP_{t-1} + 18.32 - 4.213LNIND_{t-1}) \qquad (6.13)$$
$$(-0.4880) \qquad\qquad\qquad (-0.7096)$$

$$\Delta LNIND_t = 0.011 - 0.694\Delta LNIND_{t-1} + 0.014\Delta LNGDP_{t-1}$$
$$(0.6307) \qquad\qquad (5.0974)$$
$$+ 0.042(LNGDP_{t-1} + 18.32 - 4.213LNIND_{t-1}) \qquad (6.14)$$
$$(0.1310) \qquad (2.8297)$$

GDP 与生活用水量之间的误差修正模型为：

$$\Delta LNGDP_t = 0.050 + 0.672\Delta LNGDP_{t-1} - 0.0003\Delta LNLIV_{t-1}$$
$$(1.9463) \qquad\qquad (4.3635)$$
$$- 0.021(LNGDP_{t-1} + 0.356 - 1.857LNLIV_{t-1}) \qquad (6.15)$$
$$(-0.0046) \qquad (-0.6587)$$

$$\Delta LNLIV_t = 0.044 + 0.271\Delta LNLIV_{t-1} + 0.138\Delta LNGDP_{t-1}$$
$$(0.7076) \qquad\qquad (1.5873)$$
$$+ 0.185(LNGDP_{t-1} + 0.356 - 1.857LNLIV_{t-1}) \qquad (6.16)$$
$$(0.3725) \qquad (2.3663)$$

在误差修正模型中，被解释变量的波动可以分为两部分：一部分是短期波动，一部分是长期均衡。结果表明，水资源利用（总用水量、工业用水量、生活用水量）的变化，对 GDP 产生负向（-0.263，-0.096，-0.0003）的短期波动效应，水资源与 GDP 之间的均衡关系对 GDP 短期波动的长期调整系数均为负值（-0.007，-0.015，-0.021），即均衡关系对 GDP 起反向修正机制，说明用水量的减少对 GDP 起约束机制。GDP 的变化，对水资源利用产生正向（0.057，0.014，0.138）的短期波动效应，水资源与 GDP 之间的均衡关系对短期波动的长期均衡系数均为正值（0.021，0.042，0.185），即均衡关系对水资源起正向修正机制作用，说明随着 GDP 的增长，引起用水量增加的趋势明显。

通过对比可以看出，GDP 与水资源利用（总用水量、工业用水量、生活用水量）之间的均衡关系对水资源利用量波动的牵引作用较强（调整系数分别为 0.021，0.042，0.185）。也就是说，当水资源利用的短期波动偏离长期均衡时，均衡关系将以较大的力度将其拉回均衡关系。而这种均衡关系对 GDP 短期波动的调整作用较弱（调整系数分别为-0.007，-0.015，-0.021），且为反向修正，当 GDP 的波动偏离长期均衡时，水资源对它的牵引作用不显著。

2. 格兰杰因果检验

运用 Granger 因果关系检验法检验 GDP 与水资源利用之间的因果关系。由于 Granger 因果关系检验对滞后的阶数非常敏感，采用 Hsiao（1981）提出的 FPE 最优滞后准则：FPE =（$T+K$）×SSR/［（$T-K$）×T］（其中 T 是样本个数，K 是被估计的参数个数，SSR 是残差平方和）确定滞后阶数为 2，对 GDP 和水资源利用进行 Granger 因果关系检验，检验结果如表 6-10 所示。

表 6-10　Granger 因果关系检验结果

原假设	观察值	F 统计量值	相伴概率	结论
LNTAL 不是 LNGDP 的格兰杰原因	26	0.173 09	0.842 25	接收原假设
LNGDP 不是 LNTAL 的格兰杰原因	26	4.934 61	0.017 51	拒绝原假设
LNARG 不是 LNGDP 的格兰杰原因	26	0.149 85	0.861 75	接收原假设
LNGDP 不是 LNARG 的格兰杰原因	26	2.951 20	0.074 22	接收原假设
LNIND 不是 LNGDP 的格兰杰原因	26	0.410 47	0.668 54	接收原假设
LNGDP 不是 LNIND 的格兰杰原因	26	9.949 31	0.000 91	拒绝原假设
LNLIV 不是 LNGDP 的格兰杰原因	26	0.055 51	0.946 14	接收原假设
LNGDP 不是 LNLIV 的格兰杰原因	26	5.867 64	0.009 45	拒绝原假设

由检验结果可知，在5%的置信水平下，拒绝 LNGDP 不是 LNTAL 的格兰杰原因的假设，拒绝 LNGDP 不是 LNIND 的格兰杰原因的假设，拒绝 LNGDP 不是 LNLIV 的格兰杰原因的假设，接收其他原假设。因此，通过 Granger 因果关系检验表明，GDP 和农业用水之间不存在因果关系。GDP 是导致总用水量、工业用水量和生活用水量产生变化的重要原因，但是总用水量、农业用水量和生活用水量并不必然导致 GDP 的变化。说明中国在过去的近 30 年中，GDP 的增长引起总用水量、工业用水量和生活用水量的增加，但是影响 GDP 的增长原因是多方面的，用水量的变化并不是导致 GDP 增长的格兰杰原因。

6.3.5　广义脉冲响应分析

由于 VAR 模型各个估计方程扰动项的方差协方差矩阵不是对焦矩阵，因此必须首先进行正交处理得到对角化矩阵，正交化处理常用的是乔利斯基分解。乔利斯基分解为 VAR 模型的变量增加一个次序，并将所有影响变量的公共因素归结到 VAR 模型中第一次出现的变量上，并且如果改变变量的次序，将会明显改变变量的响应结果（Granger，1981）。由于乔利斯基分解依赖次序的缺陷，1998 年 Pesaran 和 Shin 提出广义脉冲响应分析（Koop et al.，1996），这种分析方法不依赖 VAR 模型中变量次序的正交的残差矩阵，可提高估计结果的稳定性与可靠性。为了分析经济增长与水资源利用之间的动态影响关系，运用广义脉冲响应函数分析二者之间的冲击响应（李国柱，2007），这里将冲击响应期设定为 10 期，分析结果见表 6-11。

表6-11 广义脉冲响应分析结果

时期	Response of LNGDP to LNTAL	Response of LNTAL to LNGDP	Response of LNGDP to LNAGR	Response of LNAGR to LNGDP	Response of LNGDP to LNIND	Response of LNIND to LNGDP	Response of LNGDP to LNLIV	Response of LNLIV to LNGDP
1	-0.001 656 59	-0.000 485 380	-0.00 042 98	-0.00 019 12	-0.00 315 20	-0.001 382	-0.004 046 27	-0.00 564 3
2	-0.012 060 61	0.004 314 951	-0.005 998 2	0.002 634 69	-0.018 162 5	0.003 648	-0.006 375 37	0.011 798
3	-0.026 039 65	0.006 792 160	-0.016 086 7	0.004 204 55	-0.030 027 4	0.009 139	-0.009 585 31	0.014 211
4	-0.038 046 45	0.006 591 522	-0.025 389 9	0.002 362 95	-0.039 099 1	0.010 985	-0.011 376 06	0.027 942
5	-0.045 438 87	0.005 881 960	-0.031 056 7	0.000 770 68	-0.044 548 4	0.011 830	-0.012 156 76	0.030 852
6	-0.047 969 67	0.004 716 591	-0.032 427 2	-0.001 193 8	-0.046 967 1	0.011 976	-0.013 012 75	0.034 705
7	-0.047 145 46	0.003 908 677	-0.030 788 00	-0.002 562 5	-0.047 592 3	0.011 938	-0.013 940 81	0.037 726
8	-0.044 189 37	0.003 389 157	-0.027 126 9	-0.003 466 3	-0.047 180 8	0.012 268	-0.015 288 64	0.038 172
9	-0.040 089 37	0.003 155 755	-0.022 434 3	-0.003 985 4	-0.046 167 5	0.012 773	-0.016 875 23	0.037 794
10	-0.035 580 21	0.003 126 920	-0.017 524 5	-0.004 128 3	-0.044 692 3	0.013 291	-0.018 421 60	0.035 577
累计	-0.338 216 2	0.041 392 31	-0.209 262 1	-0.005 554 6	-0.367 589 4	0.096 466 0	-0.121 078 8	0.263 134

1. 总用水量与经济增长的动态关系

总用水量与经济增长的脉冲响应分析结果见表 6-11 和图 6-6。就总用水量对 GDP 一个单位冲击的响应来看，首先，LNTAL 当期反应为负值（-0.000 49），下一期反映上升为正值（0.004 31），其次开始上升，至第三期为最高值（0.0068），最后开始平稳下降，在整个分析期内的 LNTAL 对 LNGDP 的累积响应值为 0.041，即当期 LNGDP 对 LNTAL 的总体影响为正，表明随着 GDP 的增长总用水量在增加，但从第三个周期开始具有下降趋势。就 GDP 对总用水量一个单位冲击的响应来看，LNGDP 的当前反应为负值（-0.001 66），然后一直下降，整个分析期内的冲击反应均为负值，累积响应值为-0.338，表明总用水量变动对经济增长产生负面效应，水资源对经济发展具有约束作用。

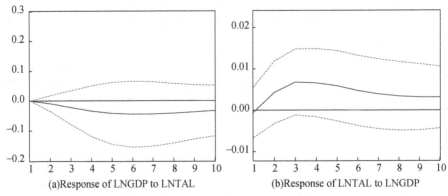

(a)Response of LNGDP to LNTAL　　(b)Response of LNTAL to LNGDP

图6-6　总用水量与经济增长脉冲响应曲线

2. 农业用水量与经济增长的动态关系

由表6-6和图6-7可知，LNAGR对LNGDP的单位冲击的响应曲线大致为N形，农业用水对GDP一个单位冲击响应，LNAGR当期反应为负值（-0.000 19），到第三期上升为最高值（0.0042），随后开始下降。单位LNGDP冲击对LNAGR的累积响应值为-0.0056。表明随着经济的发展，农业用水量出现减小趋势。而LNGDP对LNAGR的冲击反应曲线大致为U曲线，当GDP对农业用水量一个单位冲击响应，LNGDP的当期反应为负值（-0.000 43），然后开始下降，到第6期降至最低（-0.032），从第7期开始上升。整个分析期内，LNGDP对LNAGR的累积响应值为-0.209，表明农业用水量的变动对经济增长产生负面效应。

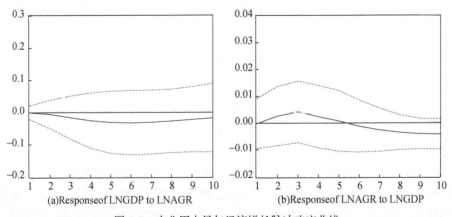

(a)Responseof LNGDP to LNAGR　　(b)Responseof LNAGR to LNGDP

图6-7　农业用水量与经济增长脉冲响应曲线

3. 工业用水量与经济增长的动态关系

由表6-6和图6-8可知，就工业用水量对 GDP 一个单位冲击的响应来看，LNIND 的当期反应为负值（-0.0014），第 2 期上升为正值（0.0118），上升到第 5 期（0.0118）后开始平稳上升，在整个分析期内 LNIND 对 LNGDP 的累积响应值为 0.096，表明 GDP 的增加导致工业用水量的增加。而 LNGDP 对 LNIND 的一个单位冲击的响应，整个分析周期内均为负值，并呈现下降趋势，至第 7 期降至最低（-0.048）。LNGDP 对 LNIND 累积响应值为-0.368，表明工业用水量变化对经济增长产生负面效应。

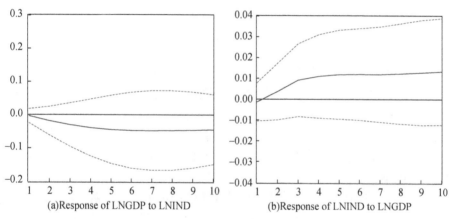

图6-8　工业用水量与经济增长脉冲响应曲线

4. 生活用水量与经济增长的动态关系

由表6-6和图6-9可知，就生活用水量对 GDP 一个单位冲击的响应来看，LNLIV 的当期反应为负值（-0.005 6），第 2 期上升为正值（0.0118），在第 3 周期和第 4 周期发生突变，至第 8 期达到最大值（0.0382），在整个分析期内 LNLIV 对 LNGDP 的累积响应值为 0.263，表明 GDP 的增加导致生活用水量的增加。就 LNGDP 对 LNLIV 的一个单位冲击的响应来看，整个分析周期内均为负值，并呈现下降趋势，累积响应值为-0.1211，表明生活用水量变化对经济增长产生负面效应。

5. 水资源利用与经济增长的预测方差分解

由水资源利用指标与 GDP 的预测方差分解结果（表6-12）可知，就总体而言，GDP 解释各用水量指标的预测方差分解的贡献度较高，GDP 解释了总用水

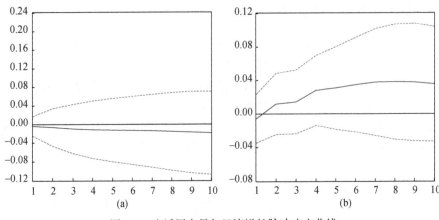

图6-9　生活用水量与经济增长脉冲响应曲线

量、工业用水量、生活用水量三变量15%以上的方差，其中对总用水量的预测方差高达24.89%，GDP对农业用水量的预测方差较小（4.6577%）。此分析刻画了自20世纪80年代以来，中国水资源利用与经济增长之间的变化关系：经济增长、工业化、城市化进程的加快伴随着对水资源的过度开发利用与水资源浪费，工业用水和生活用水增加是总用水量增加的主要原因。相比而言，水资源利用对GDP的预测方差的解释贡献度较小，三类主要用水指标对GDP的预测方差的解释贡献度均低于2%，尤其是工业用水量对GDP的方差分解平均贡献度仅为0.428%，几乎可以忽略。总用水量对经济增长的方差分解平均贡献度也仅仅为7.07%，远远低于GDP对水资源利用预测方差的贡献度。说明引起经济发展变化的原因是多方面的，而水资源对经济增长的影响作用仅仅是一个方面，这与中国当前经济发展中水资源利用的现状是完全相符的。

表6-12　水资源利用与GDP的预测方差分解平均值（%）

水资源利用指标	GDP对水资源利用的方差分解平均值	水资源利用对GDP的方差分解平均值
LNTAL（总用水量）	24.885 94	7.065
LNAGR（农业用水量）	4.657 709	1.776
LNIND（工业用水量）	15.708 35	0.428
LNLIV（生活用水量）	15.556 74	1.540

6.3.6　研究结论与建议

通过以上分析，得到以下结论和相关建议：

（1）研究期间，中国经济增长与总用水量、工业用水量、生活用水量之间存在协整关系，而农业用水量与经济增长之间不具有协整关系。也就是说，除农业用水外，中国水资源利用与经济增长之间存在长期稳定的均衡关系。说明随着经济增长，中国农业用水量变化基本保持平稳状态，出现零增长甚至负增长，农业节水初见成效。但是总用水量、工业用水量和生活用水量仍保持着较快的增长趋势，经济增长对降低水资源使用量的作用不够明显，尤其是工业用水量和生活用水量的增加没有得到有效控制，这与我国目前处于工业化中期阶段的事实相符。建议通过实施中水利用、提高水资源利用率、倡导生活节水等战略措施和政策，降低工业用水量和生活用水量，以实现中国经济发展用水量的零增长乃至负增长的目标。

（2）GDP 与水资源利用（总用水量、工业用水量、生活用水量）之间的均衡关系对水资源利用量波动的牵引作用较强，且为正向修正机制。而这种均衡关系对 GDP 短期波动的调整作用较弱，且为反向修正。说明中国经济增长变化对用水量的增加作用趋势明显，水资源对经济增长具有约束作用，尤其工业用水和生活用水对 GDP 的约束作用更为明显。因此，必须在经济发展的同时，加大对水资源利用和保护的科技投入，合理配置水资源，积极预防和消除水资源对我国经济发展的约束作用。

（3）Granger 因果关系检验表明总用水量、工业用水量、生活用水量与经济增长具有单向因果关系，农业用水量与经济增长之间不存在因果关系，即经济增长会导致总用水量、农业用水量和生活用水量的变化，但 GDP 的变化并不一定是由水资源利用变化引起的，因为引起 GDP 变化的原因是多方面的。这与我国目前经济发展和水资源利用的事实情况是相符的。因此，经济手段是解决经济发展中水资源问题的根本手段，在开发利用水资源的同时，要加大对水利工程、节水新技术、水资源管理等的投入，充分发挥经济对水资源利用的积极促进作用，减缓工业用水和生活用水的增长速度。

（4）经济增长对水资源利用的冲击响应的滞后期短（3 年左右）且是非渐进的，而水资源对经济增长产生显著影响的滞后期较长（5 年左右）且是非渐进的。经济增长对总用水量、农业用水量、工业用水量、生活用水量的单位冲击响应累积值均为负值（-0.338，-0.209，-0.368，-0.1211），而总用水量、工业用水量、生活用水量对经济增长的单位冲击响应累积值均为正值（0.041，0.096，0.263），农业用水量对经济增长的单位冲击响应累积值为负（-0.0056）。以上结果表明，经济增长带来总用水量、工业用水量、生活用水量的增加，农业用水量随着经济增长出现零增长和负增长的趋势；水资源的减少对经济发展具有约束作用。说明我国经济发展中工业用水、生活用水量增加趋势明显，水资源对经济增长的约束作用较为明显。建议在经济发展开发利用水资源的同时，加大对水利工程、节水新技术、水资源管理等的投入，充分发挥经济对水资源利用的积极促进作用，减缓工业用水和生活用水的增长速度。

（5）经济增长对水资源利用的预测方差起着重要作用，而水资源利用对经济增长的预测方差的贡献度较小。当前，一方面要缓解经济发展带来的用水量增加的压力，另一方面要重视水资源短缺对经济发展带来的潜在反作用。要通过一定政策和措施减少工业用水量和生活用水量，建立起有效的水资源保护体系和虚拟水交易机制，以形成水资源对经济发展长效良好反馈机制。

第7章　区域复合生态系统安全系统动力学仿真

7.1　系统动力学简介

7.1.1　系统动力学的发展

系统动力学（system dynamics，SD）是通过建立流位、流率系来研究信息反馈系统的一门科学，由美国麻省理工史隆管理学院的福瑞斯特（Jay W. Forrester）教授于 1956 年创立，是系统科学的一个重要分支。并且从诞生伊始，系统动力学就有了独立的理论体系和科学方法。

系统动力学初创时被称为工业动力学，最早是应用于管理系统分析领域，研究利润、员工期望和效益之间关系等问题。Forrester 教授于 1958 年在哈佛商业评论上发表 *Industrial Dynamics：A Major Breakthrough for Decision Makers*，这部著作被公认为是系统动力学的奠基之作。3 年后的 1961 年，Forrester 教授出版 *Industrial Dynamics*，被公认为 SD 理论与方法的经典论著。从 70 年代开始，Forrester、Dennis Meadows 先后建立 WorldII 和 WorldIII 模型，与罗马俱乐部学派研究了世界增长问题，这一研究引起了广泛关注与持续争论。自 20 世纪 90 年代至今，SD 在世界范围内得到广泛的传播，其应用范围更广泛，并获得新的发展。

20 世纪 60 年代是系统动力学成长的重要时期，一批代表这一阶段理论与应用研究成果水平的论著问世。福瑞斯特教授发表于 1961 年的《工业动力学》（*Industrial Dynamics*）已成为本科学的经典著作，它阐明了系统动力学的原理与典型应用。《系统原理》（*Principles of Systems*，1968）一书侧重介绍了系统的基本结构。《城市动力学》（*Urban Dynamics*，1969）则总结了美国城市兴衰问题的理论与应用研究的成果。

20 世纪 70 年代系统动力学进入蓬勃发展时期，由罗马俱乐部提供财政支持，以 Meadows 为首的国际研究小组所承担的世界模型研究课题，研究了世界范围的人口、资源、工农业和环境污染诸因素的相互关系，以及产生各种后果的可能性。而以福瑞斯特教授为首的美国国家模型研究小组，将美国的社会经济作为一个整体，成功地研究了通货膨胀和失业等社会经济问题，第一次从理论上阐述了经济学家长期争论不休的经济长波产生和机制。

20世纪90年代，系统动力学在世界范围内广泛传播和应用，获得了许多新的发展。系统动力学在控制理论、系统科学、结构稳定性分析、灵敏度分析、参数估计、最优化技术应用等方面都进行了深入研究和广泛应用。

20世纪70年代末SD引入中国，1993年，我国成立中国系统工程学会系统动力学专业委员会。三十多年来，SD研究和应用在我国取得了飞跃发展，在水土资源、环境、农业、生态环境、宏观、区域经济、可持续发展、城市规划领域，能源、矿藏及其安全领域，物流、供应链、库存领域，企业、战略、创新管理领域，金融、财务、保险、信用领域，交通、运输、调度领域，公共安全、行政管理领域，教育、教学领域都取得了广泛应用。

7.1.2　系统动力学的基本概念

1. 因果关系

系统动力学用因果关系图（图7-1）来表示系统中变量间的因果关系，用箭头把两个有因果联系的变量连接起来，箭尾的变量表示原因，箭头的变量表示结果，如果变量A是变量B变化的原因，则表示为：A→B。

如果变量A的增加引起变量B的增加，或者变量A的减少引起变量B的减少，这种因果关系称为正因果关系，也称正相关，记为A→+B。

反之，这种因果关系称为负因果关系，也称负相关，记为A→–B。

$$A_1大 \xrightarrow{\quad\text{正相关}\quad} B_1大 \qquad A_2大 \xrightarrow{\quad\text{负相关}\quad} B_2小$$

图7-1　因果关系

2. 反馈

系统中一个变量的变化，通过一系列因果关系重新影响到这个变量本身的变化，这种现象称为反馈，这一系列闭合的因果关系称为反馈回路（或反馈环）。

反馈环可分为正反馈回路和负反馈回路，一个封闭的反馈环中，受过去行为的影响，它把系统的历史信息带回系统。反馈回路的极性取决于回路中负相关的数目，若负相关个数为偶数则为正反馈回路，否则为负反馈回路，如图7-2所示。正反馈回路中的变量，经回路循环后，将无止境地增长以至于发散，具有自我增长的特性；负反馈回路则是一个动态的收敛过程，即朝着某一个目标或边界前进，不断缩小差距，具有自我调整的特点。

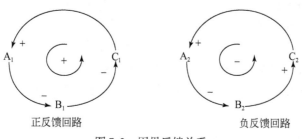

正反馈回路　　　　　　　　　　　　负反馈回路

图 7-2　因果反馈关系

3. 流和变量

系统动力学的主要观点很容易理解，即任何一种行为或现象都可以用"物（信息）流"、"状态变量"、"速率变量"、"辅助变量"和"常数变量"来加以表示，透过这些变量的相互连接，即可表示出所经历的真实复杂情况。

（1）物（信息）流。系统动力学将企业中实物的运作，用物流来表示，包括订单、人员、资金、设备等的变动流转情况，它归纳了一般企业运作所包含的基本结构。一个企业或多或少都包含所欲加以控制的流，它们都可以明显观察与分辨，在模型中物流有起点、终点与中间几个不同状态的过程，起点与终点并不一定表示真实世界中的起点与终点，而是表示模型或系统的范围与边界，而中间的状态表示其由起点向终点的演变、转换的重要阶段过程。信息流是传递与交换其他流的资讯，它表示系统中心信息的流动情况，是形成决策的来源，也是控制其他流的流。信息的起点必定来自状态变量或外在变量，而其终点必到达至控制其他流的速率变量。

（2）状态变量表示真实世界中可随时间迁移而累积的事或物，其中包含可见与不可见的事物，可见的状态变量如订单、存货、人员的数量等，不可见的状态变量如压力、信息流的感知程度等。它代表了某一时点变量积累的状态，是流入的变量与流出的变量之差，经过一段时间累积所形成的，是以其净速率变量对时间积分的数学形式存在的，因此，当流入与流出不相等时，其状态将随着时间的推移而不断改变，于是形成系统动力的来源，也是信息产生的来源。

（3）速率变量表示某一种流的流动速率，即在单位时间内的流量，它是直接决定状态变量的控制阀，也表示决策行动的起点，其通过信息的收集与处理形成对某一特定流中某一状态变量的控制政策，因此速率变量可以连接同一种流但却是不同的状态变量，或某一种状态变量的流入或流出而与状态变量共同存在，并且是以其相连状态变量对时间微分的数学形式存在的。

（4）辅助变量在模型中主要有三种含义：第一种表示信息处理的过程；第

二种代表某些特定的环境参数，为常数；第三种表示系统的输入测试函数或数值。前两种情况都可视为速率变量的一部分，其与速率变量共同形成某一特定目的管理机制，最后一种则是测试模式行为的各种不同情境。

（5）常数变量是常数方程左边定义的变量，它们是系统中数值一般不变的量，在仿真模拟时常改变数值以查看该变量对系统的影响（贾仁安和丁荣华，2002）。

7.1.3 系统动力学研究问题的目的和方法

系统动力学是一门以系统反馈控制理论为基础，以计算机仿真技术为主要手段，定量的研究系统发展动态行为的一门应用学科，属于系统科学的一个分支。系统动力学的理论核心是系统辩证唯物观，强调系统的联系、运动和发展的观点。系统动力学以系统方法论的基本原则来考察客观世界，体现了结构方法、功能方法和历史方法的统一（王其藩，1994）。

系统动力学认为，由于系统内部非线性因素的作用和存在的反馈、因果、生克关系，高阶次复杂时变系统往往表现出反直观、千姿百态的动力学特性；在一定条件下还可能产生混沌现象。社会、经济、生态等一类复杂系统的问题具有高度复杂性与综合性，往往构成问题群集。系统的行为模式和特性主要取决于其内部的动态结构与反馈机制；系统在内外动力和制约因素的作用下按一定的规律发展演化。这就是系统动力学著名的内生观点（胡玉奎，1988）。

系统动力学可以通过因果关系图描述系统各个要素之间的关系，勾画出系统的结构；同时还可以通过系统流图和方程展现系统的数学模型。所以说系统动力学是一种定性与定量相结合的仿真技术。

系统动力学通过动态模拟的方法展示某项特定政策的实施效果，以此来了解这种政策或决策是否能够改善系统中的所要解决的问题。系统动力学的建模过程就是一个学习、调查研究的过程，模型的主要功能在于向人们提供一种学习与政策分析的工具。系统动力学的研究对象主要是开放系统，包括简单系统，但其主要研究对象是社会、经济、生态等复杂系统及其复合的各类复杂大系统，系统动力学模型被称为复杂大系统的实验室。

系统动力学的建模过程需要对目标系统作出大量的系统分析，这需要建模者对系统作出大量研究，同时建模后又可以结合计算机、决策者和专家对最后决策作出最优化，并可以为决策的成立提供有力依据。

系统动力学侧重于对系统行为变化趋势的分析，注重于各种政策的实施对系统行为影响的中、长期"实验"，致力于寻求如何改变系统行为的途径。这种研究目的和方法，不仅使得系统动力学所要解决的问题得到高层次决策者的关注，而且它所揭示的结果对于高级经营管理更为有用（吕胜利，2008）。

7.2　系统动力学建模仿真方法

7.2.1　SD 建模仿真的原则

建立模型（或称构造模型）是在掌握了系统各要素的功能及其相互关系的基础上，将复杂的系统分解成若干个可以控制的子系统，然后，用简化的或抽象的模型来替代子系统，当然这些模型与系统有相似结构或行为，通过对模型进行分析和计算，为有关的决策者提供必要的信息。建立系统动力学模型的基本原则是：

（1）现实性原则。系统模型是现实系统的代表，它要求所构造的模型能够确切地反映客观现实系统，也就是说，模型必须包括现实系统中的本质因素和各部分之间的普遍联系。虽然任何系统都有一定的假设，但假设条件要尽量符合实际情况。

（2）简化性原则。系统模型不是现实系统本身，在满足现实性要求的基础上，应去掉不影响真实性的非本质因素，从而使模型简化，便于求解，减少处理模型的工作量。

（3）适应性原则。由于系统的外界环境随时间、空间而变化，其变化的结果必然要影响到系统的运行，系统应该适应其外界环境的变化，这就要求随着构造模型时的具体条件的变化，模型对环境要有一定的适应能力。

（4）借鉴性原则。尽量采用标准化的模型和借鉴已有成功经验的模型。这样做，既可以节省时间，提高效率，又可以使系统模型的可靠性增加。

7.2.2　SD 建模仿真的步骤

建立系统动力学模型的目的是为有效设计提供一种计量方法以解决复杂问题，运用系统动力学原理和方法分析、研究、解决问题一般要经过以下步骤。

（1）明确问题和系统边界。系统动力学研究的是系统中的问题，而不是系统。从问题出发去划定由问题所决定的系统边界，把系统内部因素和系统外部因素区分，并尽可能缩小系统的边界范围，使系统最小化。以待解决问题为导向，了解系统的特性，确认所需解决的问题，明确模型建立的目标。

（2）系统要素和反馈结构分析。分析和描述对问题有影响的因素，并解释系统内各因素的相互关系，划分系统的层次与子块，确定状态变量、速率变量和各种辅助变量，其中状态变量要注意变量的确定需要能够获得初始值。确定系统内部主要的元素之间的反馈关系，对主要反馈回路关系作出解释说明，绘制因果关系图和系统流图。

（3）模型建立和计算机仿真。根据确定的变量，写出变量之间的方程，变量方程的建立需要进行深入、具体的实证分析，往往要与其他统计模型，如回归模型等结合完成。完成对方程中的参数估计，确定状态变量的初始值。利用相关系统动力学仿真工具对模型进行软件实现，形成对待解决问题的系统的模型化和可视化仿真。评估模型的最终标准是模型的实用性和有效性。

（4）模型检验和评估。系统动力学建立的模型需要通过反复运行进行有效性检验和评估，主要包括两个方面：一方面是模型模拟结果数据与历史统计数据对比，以证明模型运行是否符合对象的真实情况；另一方面真实性检验，检测模型是否符合模拟对象区域的一些特定规则。

（5）模型运行和政策仿真调控。针对需要分析的问题，运行通过检验的模型，得到多种仿真运行结果。通过对敏感性参数的调控，与定性分析相结合，得到所期望的最优解，再通过对处于最优解状态的敏感性参数的分析得到相关对策建议。

7.2.3 SD 建模仿真的软件工具

随着系统动力学应用的不断发展，需要在计算机上进行模型仿真和运行，于是系统动力学的专用仿真语言和软件工具也不断发展。DYANMO（dynamic models）是系统动力学专用的计算机仿真语言。

20 世纪 80 年代，DYANMEIV 软件被开发出来，被认为是当时功能最丰富的系统动力学仿真软件。美国 Pugh-Roberts Associates（PRA）公司，研制了一系列 DYNAMO 软件，其中 1986 年的推出的 Professional DYNAMO Plus 成为 DOS 操作系统下功能最强、使用广泛的系统动力学仿真软件，该软件可以使用数组变量，定义用户宏指令，丰富了模型描述功能。同时，美国印第安纳州的 NDTRAN 和英国的 DYSMAP 也得到了应用。

随着 Windows 操作系统的出现，Ventana 公司开发了运行于 Windows 下的 Vensim 系统动力学软件，Vensim 有 Vensim PLE、PLE Plus、Professional 和 DSS 版本。另外，美国 High Performance Systems 公司开发的 STELIA Research 软件，及 Cherwell Scientific 公司开发的 Model Maker 系统动力软件，都可运行于 Windows 系

统下。

Ventana 公司推出的 Vensim 不但具有 DYNAMO 语言的优点，而且扩展了许多的功能，所以更利于学习和应用。其具体特点归纳如下：

（1）利用图示化编程建立模型。在 Vensim 中，"编程" 即是建模。只要在模型建立窗口画出流图，再通过 Equation Editor 输入方程和参数，就可以进行程序调试。

（2）运行于 Windows 环境下，数据共享性强，提供丰富的输出信息和灵活的输出方式。

（3）提供了多种分析方法。Vensim 提供对于模型的结构分析和数据集分析。其中结构分析包括原因树分析、结果树分析和反馈列表。模型运行后，可进行数据集分析。对指定变量，可以提出它随时间的变化图，列出数据表；可以提出原因图分析，列出所有作用于该变量的其他变量随时间变化的比较图；同时可以将多次运行的结果进行比较。还可以对最终结果的图形进行分析和输出，不但可以列举多个变量随时间的变化图，而且可以列举变量之间的关系图。

（4）真实性检验。真实性检验是美国 Ventana 公司的专利方法，是一种非常有效的建模工具。对于所研究系统模型中的一些重要变量，依据专家经验和一些基本原则，可以预先提出对其正确性的基本要求。将这些要求以约束的形式加到建好的模型中，专门模拟现有模型在运行时对于这些约束的遵守情况，就可以判断模型的合理性和真实性。

7.3　区域复合生态系统安全系统动力学仿真

7.3.1　问题和系统界定

本节利用系统动力学对第 6 章 6.2 节中的祁连山冰川与水涵养生态功能区生态安全建立政策仿真调控模型，为该区域生态安全政策管理提供决策依据和方法。

祁连山冰川与水涵养生态功能区系统动力学模型由经济子系统、环境子系统、资源子系统、人口子系统和社会子系统这五大系统构成。其中经济子系统主要从一、二、三产业角度分析建立，具体描述了一、二、三产业的年增加值、区域固定资产投资、教育投资、医疗卫生投资等与经济系统相关联的要素。环境子系统主要从 "三废"（废渣、废水、废气）角度入手，结合经济系统和人口系统中对三废排放有关联的因素，针对三废排放总量建立。资源子系统以水资源、耕地资源和林地资源为基础建立，具体描述了人类生产生活对资源的索取和自然环境对资源的补给之间的关系。人口子系统结合死亡人口、出生人口、迁入人口、迁出人口对人口总量变化作出动态模拟，并充分考虑到其他子系统中对人口变化趋势有较大影响的因素。社会子系统主要结合经济子系统对社会教育、科技、医疗卫生等变化进行模拟。

7.3.2 模型因果关系图

因果关系图的确立是建立模型的第一步，它是通过对系统中主要变量进行分析后确定的。主要通过以下思想建立祁连山冰川与水涵养生态功能区生态系统因果关系图（图7-3）。

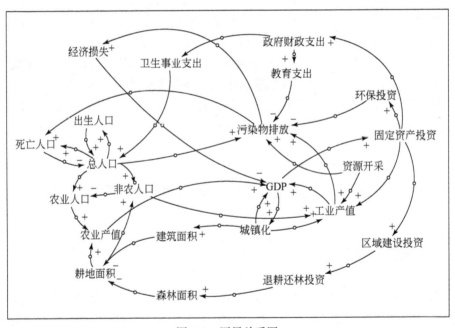

图 7-3 因果关系图

由以上因果关系图可得出生态安全系统中各个子系统及变量之间具有代表性的因果关系回路有：

（1）森林面积→-耕地面积→+农业产值→+GDP→+退耕还林投资→+森林面积

（2）总人口→+农业人口→+农业产值→+GDP→+固定资产投资→+环保投资→-污染物排放→+总人口

（3）GDP→+固定资产投资→+退耕还林→+森林面积→-耕地面积→+农业产值→+GDP

（4）森林面积→-耕地面积→+农业产值→+GDP→+退耕还林投资→+森林面积

（5）GDP→+固定资产投资→+教育支出→-污染物排放→+经济损失→-GDP

（6）GDP→+固定资产投资→+政府财政支出→+卫生事业支出→+总人口→+污染物排放→+经济损失→-GDP

7.3.3 系统流图及方程

在分析系统因果关系回路的基础上，建立各子系统的流图（图 7-4）和方程。

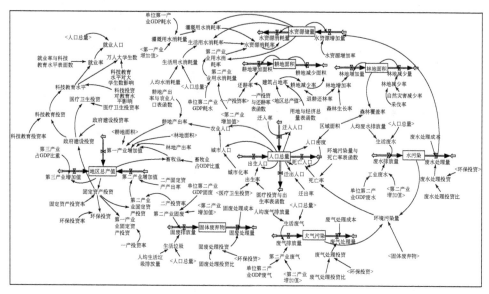

图 7-4 系统流图

1. 经济子系统分析

在经济子系统中，将 GDP 构成划为第一产业增加值、第二产业增加值和第三产业增加值。祁连山冰川与水涵养生态功能区是农林牧混交区，由于耕地多为山旱地，受地理、气候条件影响，农业生产水平低下，种植业比较单一，农牧民的经济支撑主要是畜牧业。工业方面，由于该地区具有丰富的矿产资源，工业增加值主要由涉及工矿的重工业为主导，同时，祁连山自然保护区是青藏高原北部边缘特有的自然生态系统，其旅游资源丰富、类型多样，但由于受到管理体制限制，旅游业的发展较为缓慢，而包含旅游业的第三产业在三产比重中占比较小。

经济子系统流图如图7-5所示。经济子系统设定的状态变量为地区总产值，速率变量有第一产业增加值、第二产业增加值和第三产业增加值等，辅助变量有耕地产出率、林地产出率、固定资产投资、环保投资、政府投资、科教育投资、第二产业固定资产等。地区总产值由第一产业、第二产业和第三产业增加值累积构成。将GDP设为状态变量，第一产业由农林牧业增加值构成，耕地面积、耕地产出率、林地面积、林地产出率等都对第一产业增加值有较大影响。在第二产业中，限于固定资产形成时间一般在3~5年，所以设置第二产业增加值为3阶延迟函数。

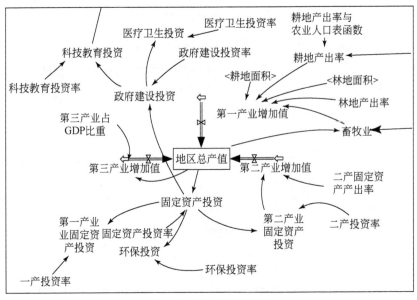

图 7-5　经济子系统流图

经济子系统主要方程如下：

（1）地区总产值＝INTEG（第一产业增加值+第二产业增加值+第三产业增加值）

（2）固定资产投资＝地区总产值×固定资产投资率

（3）第二产业增加值＝DELAY3（第二产业固定资产投资，3）×二产固定资产产出率

（4）第一产业增加值＝DELAY2（耕地面积，2）×耕地产出率+DELAY5（林

地面积，5）×林地产出率

（5）耕地产出率与农业人口表函数=耕地产出率与农业人口表函数 LOOKUP
（TIME）

2. 环境子系统分析

环境污染主要由"三废"的排放造成，随着生活水平的提升，生活污染在污染总量的比例逐年提高。环境污染造成的损失不是单方面的，这些损失包括人类健康受损、土地农作物遭到破坏、环境治理造成的经济损失等。这种损失往往短期内难以表现或计算出来，并与环境污染水平间存在着非显性的关联。环境污染水平由污染物产生和污染物处理共同决定。在本模型中，设定工业增加值的变化是污染物排放量的主要决定因素，居民生活排污为次要因素。环保投资的多少决定了污染物处理能力的大小。

环境子系统流图如图 7-6 所示。环境子系统中主要状态变量有固废污染量、废气污染量和废水污染量，速率变量有固废处理量、废气产生量、废水产生量、废水处理量等，辅助变量有环境污染量、人均固废产生量、人均废气产生量、废水自然净化量、废气自然净化量等，常量有污染处理率、工业污染物排放系数等，外变量有人口总量、工业增加值等。

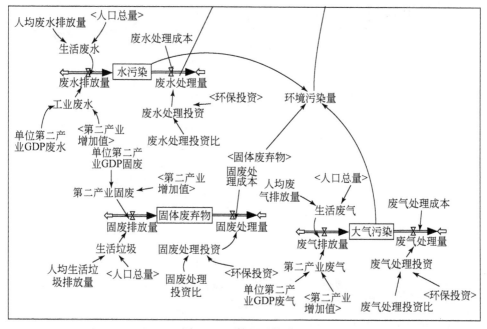

图 7-6　环境子系统流图

环境子系统主要方程如下：

（1）固体废弃物＝INTEG（固废排放量–固废处理量）

（2）大气污染＝INTEG（废气排放量–废气处理量）

（3）水污染＝INTEG（废水排放量–废水处理量）

（4）第二产业固废＝单位第二产业 GDP 固废×第二产业增加值

（5）生活垃圾＝人口总量×人均生活垃圾排放量

（6）固废处理量＝固废处理投资/固废处理成本

以上方程建立时，各种污染物排放量都是以等标污染负荷计算的。为了使模型简单化设置为常量，实际情况中污染物系数应随经济发展和科技进步而降低。最后模拟中，将通过污染物系数的调控来观察污染物对经济影响的变化值。

3. 人口子系统分析

人口子系统流图如图 7-7 所示。该子系统中状态变量为人口总量，速率变量有出生人口、死亡人口、迁入人口和迁出人口，辅助变量有环境污染量与死亡率表函数、出生率、城市化率、城市人口、农业人口、迁入率、迁出率、死亡率、医疗投资与出生率表函数、人口密度等。

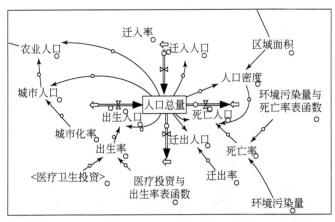

图 7-7　人口子系统流图

人口子系统主要方程如下：

（1）人口总量＝INTEG（出生人口+迁入人口–死亡人口–迁出人口）

（2）环境污染量与死亡率表函数＝环境污染量与死亡率表函数 LOOKUP（TIME）

（3）医疗投资与出生率表函数＝医疗投资与出生率表函数 LOOKUP（TIME）

（4）死亡率＝（1–1/环境污染量）×0.001+环境污染量与死亡率表函数

4. 资源子系统分析

资源子系统流图如图 7-8 所示，其中包括 3 个状态变量：水资源储量、耕地面积和林地面积；速率变量有水资源消耗量、水资源增加量、耕地增加面积、耕地减少面积、林地增加量和林地减少量；辅助变量有单位第一产业 GDP 耗水、单位第二产业 GDP 耗水、灌溉用水消耗量、生活用水消耗量、水资源消耗率、建筑占地率、耕地减少率、退耕还林率、森林生长率、森林覆盖率等。

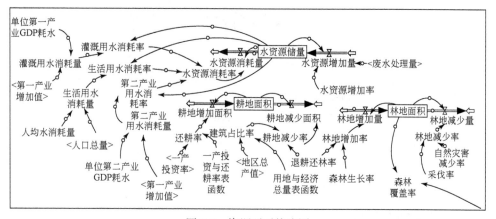

图 7-8 资源子系统流图

资源子系统主要方程如下：

（1）水资源储量=INTEG（水资源增加量−水资源消耗量）

（2）耕地面积=INTEG（耕地增加面积−耕地减少面积）

（3）林地面积=INTEG（林地增加量−林地减少量）

（4）水资源消耗量=（灌溉用水消耗率+生活用水消耗率+第二产业用水消耗率）×水资源储量

（5）水资源增加量=水资源增加率×水资源储量+废水处理量

（6）生活用水消耗率=（人均消耗量×人口总量）/水资源储量

（7）一产投资与还耕率表函数=一产投资与还耕率表函数 LOOKUP（TIME）

5. 社会子系统分析

社会子系统主要从影响社会发展和稳定的角度入手，着重在就业、医疗、科教这三大方面进行模型模拟。社会子系统如图 7-9 所示，主要包括以下若干辅助变量：政府建设投资、政府建设投资率、科技教育投资、医疗卫生投资、科技教育投资率、医疗卫生投资率、科技教育水平、科教投资对科教水平的影响、就业率、就业率与科教投资表函数、就业人口、万人大学生数、科教水平对大学生数影响。外生变量有人口总量。

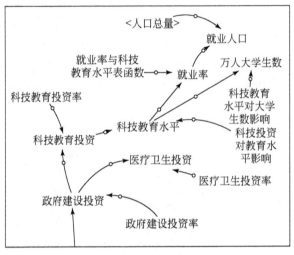

图 7-9　社会子系统流图

社会子系统主要方程如下：

（1）政府建设投资＝政府建设投资率×地区生产总值

（2）医疗卫生投资＝医疗卫生投资率×政府建设投资

（3）就业率＝科技教育水平×就业率与科技教育水平表函数

（4）就业率与科技教育水平表函数＝就业率与科技教育水平表函数 LOOKUP（TIME）

（5）科技教育水平对大学生数影响＝科技教育水平对大学生数影响 LOOKUP（TIME）

（6）就业人口＝就业率×人口总量

7.3.4　模型检验

对模型进行有效性检验，是为了验证模型的运行结果是否符合实际情况，模型是否正确、有效。模型选取 4 个具有针对性的指标进行有效性检验，分别是地区生产总值、农业人口、耕地面积和固废产生量，模拟区间为 2008～2012 年。结合祁连山地区相关统计数据，与模型模拟结果进行比对，若误差在 10% 之内则认为模型可靠。有效性检验情况如表 7-1 所示。

表 7-1　模型有效性检验表

GDP（万元）			
项目	2009 年	2010 年	2011 年	2012 年
模拟值	444 867.786	497 316.97	549 930.68	608 795.00
实际值	449 361.4	503 284.77	563 678.95	631 320.42
相对误差	0.01	0.012	0.025	0.037

农业人口（万人）			
项目	2009 年	2010 年	2011 年	2012 年
模拟值	18.407 7	18.147 3	20.241 6	20.458 2
实际值	18.959 9	19.054 7	19.15	19.245 7
相对误差	0.03	0.05	0.057	0.063

耕地面积（km²）			
项目	2009 年	2010 年	2011 年	2012 年
模拟值	6 838	6 584.5	6 417.3	6 266.9
实际值	6 770	6 500	6 310	6 120
相对误差	0.01	0.013	0.017	0.024

固废产生量（万 t）			
项目	2009 年	2010 年	2011 年	2012 年
模拟值	510.81	573.62	673.57	745.96
实际值	527.16	597.14	638.46	697.16
相对误差	0.032	0.041	0.055	0.07

7.3.5　模型运行和仿真调控

祁连山保护区是我国西北部十分重要的生态功能区，其生态系统是否安全对于整个西北部地区生态环境保护都具有重要的战略意义。所以祁连山保护区发展应该以生态安全为中心，把提高区域生态安全程度作为未来发展的基本思路。按照上述思路，结合区域生态安全系统动力学模型和区域生态安全评价预警模型设计了 3 个发展策略：现有发展模式、单一改善型发展模式、综合改善型发展模式。3 个发展策略以 2008～2017 年模拟数据为基础，分别对 3 个策略作出定量生态安全评价，并对评价结果作出比较，最后得到有利于该区域生态安全的发展策略。

1. 现有发展模式

传统发展模式即在当前政策条件下不做任何改变,利用系统动力学仿真数据,以及第5章生态安全评价预警模型对该区域2008~2017年生态安全水平作出评价。计算各年对于不同安全等级的综合安全关联度 $K_j(R_0)$,根据 $K_{J_0}(R_0) = \max_{j \in \{I, II, \cdots, V\}} K_j(R_0)$ 得到生态安全级别,得到计算结果(表7-2)。

表7-2 现有发展模式生态安全评价

安全关联度	I	II	III	IV	V	安全级别	发展趋势
$K_j(R_{2008})$	−0.578 94	−0.241 66	0.672 58	−1.378 14	−1.766 51	III较危险	II危险
$K_j(R_{2009})$	−0.454 74	−0.356 93	0.574 41	1.391 95	−1.574 97	III较危险	II危险
$K_j(R_{2010})$	−0.976 52	−0.124 59	0.336 47	−0.596 37	−1.478 73	III较危险	IV较安全
$K_j(R_{2011})$	−1.974 637	−1.347 68	0.136 79	−0.176 49	−1.697 75	III较危险	IV较安全
$K_j(R_{2012})$	−1.347 71	−0.998 94	−0.758 47	0.671 64	−1.457 86	IV较安全	III较危险
$K_j(R_{2013})$	−1.906 20	−1.214 76	−0.374 68	0.314 97	−1.871 34	IV较安全	III较危险
$K_j(R_{2014})$	−1.445 36	−0.674 19	−0.147 69	0.309 65	−2.017 95	IV较安全	III较危险
$K_j(R_{2015})$	−1.636 17	−0.312 37	0.781 56	−0.579 41	−2.217 34	III较危险	II危险
$K_j(R_{2016})$	−1.445 36	−0.378 49	0.376 69	−0.539 42	−1.975 11	III较危险	II危险
$K_j(R_{2017})$	−1.827 31	−0.679 16	0.353 17	−1.247 83	−1.393 01	III较危险	II危险

2. 单一改善型发展模式

在传统发展模式的基础上,选取区域生态安全系统动力学模型中每个子系统敏感性最高的一个指标,分别是环保投资率、人口增长率、水资源消耗率和单位第二产业GDP污染物。并对这4个变量进行优化调控,观察模型调控结果并提出在这种发展模式下的生态安全水平变化。

变量1:环保投资率。近年来,国家对环境治理力度加大,投资逐年增加,提高污染治理投资在国内生产总值中的比例是必然之举,因此环保投资率由现在的0.012调整为《国家环境保护“十一五”规划》中明确提出的环保投资率0.0135。

变量2:人口增长率。以全国2013年平均增长率为参考,生态功能区人口增长率由现在的9.4‰降低到5.0‰。

变量3:水资源消耗率。人类生活与生产都离不开水,随着经济发展,生活和生产对水的需求量都在不断增大,但是水资源补给由于自然条件原因又不会有太大提高。未来几年水资源储量会严重不足，影响人类正常生产和生活。因此，水资源消耗率从现有的 0.112 调整为 0.08。

变量 4：单位第二产业 GDP 污染物。工业生产会产生大量废弃物，这些废弃物以"三废"形式表现。大量污染物对生态环境造成严重破坏。在现有发展模式下，废弃物处置速度远低于废弃物产生速度，污染物出现了囤积现象。调整产业结构，优化工业产业生产，降低第二产业生产所产生的污染物是一种有效可行的改善生态环境的方式。因此，单位第二产业污染物由 0.0058 降低为 0.005。

调整以上 4 个变量，观察模型输出数据，结合区域生态安全评价预警模型得出此模型生态安全水平评价结果如表 7-3 所示。

表 7-3　单一改善型发展模式生态安全评价

安全关联度	I	II	III	IV	V	安全级别	发展趋势
$K_j(R_{2008})$	−1.906 20	−0.347 79	0.674 48	−0.134 45	−1.642 47	III 较危险	IV 较安全
$K_j(R_{2009})$	−0.179 94	−0.946 53	0.128 74	−0.121 14	−1.974 64	III 较危险	IV 较安全
$K_j(R_{2010})$	−2.146 34	−0.874 68	0.964 51	−0.134 78	−1.347 97	III 较危险	IV 较安全
$K_j(R_{2011})$	−0.784 64	−1.246 57	0.136 47	−0.119 84	−1.342 79	III 较危险	IV 较安全
$K_j(R_{2012})$	−1.347 71	−0.998 94	−0.758 47	1.201 34	−0.124 54	IV 较安全	V 安全
$K_j(R_{2013})$	−1.906 20	−1.214 76	−0.374 68	0.314 97	−1.871 34	IV 较安全	III 较危险
$K_j(R_{2014})$	−1.445 36	−0.674 19	−0.147 69	0.309 65	−2.017 95	IV 较安全	III 较危险
$K_j(R_{2015})$	−1.636 17	−0.312 37	0.781 56	−0.579 41	−2.217 34	III 较危险	II 危险
$K_j(R_{2016})$	−1.445 36	−0.234 79	0.376 69	−0.354 77	−1.597 46	III 较危险	II 危险
$K_j(R_{2017})$	−1.784 56	−0.547 89	0.214 67	−1.154 79	−1.369 74	III 较危险	II 危险

3. 综合改善型发展模式

在单一改善型发展模式的基础上，增加对生态安全影响较大的若干敏感指数的调控，提出综合改善型发展模式。进行调整的变量除了单一改善型发展模式下调整的变量外，还包括：城镇人口影响因子、第三产业占 GDP 比重、退耕还林率、人均耕地面积、科技教育投资率等，保证各变量的取值在合理范围之内，通过不断重复试验，找出实际情况下最适宜该区域生态环境发展的值。以下列出变量的调整情况：

变量 1：城镇人口影响因子。考虑到生态功能区随着经济发展，城镇人口的不断增加，城镇公用设施发展趋于完善，因此，城镇人口影响率由当前的 0.09 调整为 0.13。

变量 2：第三产业占 GDP 比重。生态功能区有着得天独厚的自然环境和景观，但由于缺少开发，导致该地区旅游业发展缓慢。而随着旅游业的快速发展，必然带动整个第三产业的发展。第三产业必然会随着旅游业的发展而兴起，因此，将第三产业占 GDP 比重由 0.25 调整为 0.35。

变量 3：退耕还林率。由当前的 0.009 调整为 0.012。

变量 4：人均耕地面积。为减缓耕地逐年减少的趋势，适当开垦荒地，提高人均耕地面积，由当前 0.0012 调整为 0.0015。

变量 5：科技教育投资率。科技教育水平关乎社会整体发展水平，较高的科技教育水平可以提高生产效率，减少环境污染的排放，降低环境污染治理成本。因此，科技教育投资率从 0.7 调整为 0.8。

通过调整这些系统中的辅助变量，使生态安全状况有了明显的改善。使用调控后数据进行模拟，发现生态状况在未来 10 年内将有稳步提高，并且呈现递增趋势，这充分说明了以上调控是可行的、有效的（表 7-4）。

表 7-4　综合改善型发展模式生态安全评价

安全关联度	I	II	III	IV	V	安全级别	发展趋势
$K_j(R_{2008})$	−1.245 78	−0.349 75	0.348 79	−0.112 47	−1.631 79	III 较危险	IV 较安全
$K_j(R_{2009})$	−0.179 94	−0.344 97	0.347 19	−0.110 24	−1.974 64	III 较危险	IV 较安全
$K_j(R_{2010})$	−1.648 75	−0.657 45	0.647 82	−0.034 78	−1.214 67	III 较危险	IV 较安全
$K_j(R_{2011})$	−0.754 64	−1.246 57	−0.236 47	0.124 84	−1.142 79	IV 较安全	V 安全
$K_j(R_{2012})$	−1.347 71	−0.991 24	−0.758 47	1.262 04	−0.124 54	IV 较安全	V 安全
$K_j(R_{2013})$	−1.678 4	−1.217 76	−0.374 68	0.314 97	−0.214 67	IV 较安全	V 安全
$K_j(R_{2014})$	−1.785 36	−0.665 19	−1.447 69	0.309 65	−0.117 95	IV 较安全	V 安全
$K_j(R_{2015})$	−1.395 17	−0.314 37	−0.783 256	0.679 41	−0.217 34	IV 较安全	V 安全
$K_j(R_{2016})$	−1.447 36	−0.234 64	0.379 59	−0.153 47	0.597 46	V 安全	IV 较安全
$K_j(R_{2017})$	−1.798 56	−0.553 89	0.214 67	−0.154 79	0.369 74	V 安全	IV 较安全

4. 生态安全策略分析

以上 3 个发展模式的区域生态安全评价结果如图 7-10 所示。

从图 7-10 中不难看出，现有发展模式下，2008～2013 年生态安全水平是逐步提升的，但是从 2013 年之后，生态安全水平会逐年降低，发展趋势不容乐观。单一改善型发展模式下，生态安全水平提升趋势可以保持到 2014 年，但是由于产业结构不合理、耕地面积减少等因素，生态安全水平依然会出现下滑趋势。最

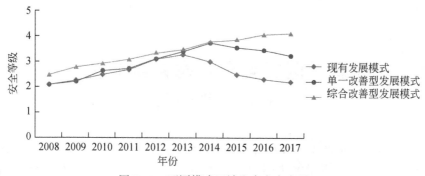

图 7-10　不同模式区域生态安全水平

后观察综合改善发展模式，在模拟时段内，虽然有小幅的上升速度减缓现象，但整体维持着稳固上升的态势。综上所述，综合改善型发展模式对于生态安全水平提高是非常有利的。

第8章　区域复合生态系统安全立法保障机制研究

　　人类共同面临的环境污染和资源破坏，已经成为威胁人类生存与发展的基本问题。世界各国积极寻求解决问题的各种路径，从技术革新到调整经济发展模式，从完善国内环境管理制度到国际环境合作。在这漫长的探索过程中，人们逐渐认识到，最为积极有效的手段是将各种措施规范化，以"法律"形式制度化，即环境立法。法律是维护环境安全的重要保障。法学是正义之学，维护和追求正义是法学的基本理念、基本价值取向。正如正义是法学的基本理念一样，维护和追求环境正义也是环境资源法学的基本理念。环境正义表示环境资源法应该合乎自然，即合乎自然生态规律、社会经济规律和环境规律（即人与自然相互作用的规律）。合乎自然不是指维持原状，自然、社会和环境本身也是一个不断进化的过程。墨西哥法律哲学家路易斯·雷加森斯·西克斯认为，法律的首要目的是实现集体生活中的安全；虽然法律的最高目标和终极目的乃是实现正义，但安全是法律的首要目标和法律存在的主要原因。博登海默在《法理学：法律哲学与法律方法》一书中认为，如果法律秩序不表现为一种安全的秩序，那么它根本就不能算是法律；而一个非正义的法律却仍然是一种法律（邓正来，2004）。良好的环境秩序首先应该保障人和环境的安全，也就是说保障人与环境的安全是最起码的环境秩序，是人与人和谐、人与自然和谐的起码要求和最低标准，也是环境正义的基本要求。

　　加快生态安全相关的环境资源立法，以期用法律手段保护生态安全，是实现生态环境安全的客观要求与必要保障。而从我国的实际情况来看，生态安全立法还只是处于起步阶段，还没有一部专门针对生态安全的法律，关于生态安全的法律保障表现为环境资源相关法律组成的相关法律群。在经济全球化背景下，应站在国家和全球化战略高度来看待和解决生态安全问题，基于立法系统工程的视角，分析和认识现有环境资源相关法律体系，逐步建立生态安全保护的法律保障体系和国际生态安全立法合作机制，才能真正做到生态安全，才能解决全球性生态安全问题。

8.1 保障生态安全的我国环境资源立法的系统认识

目前我国还没有独立的生态安全法律制度，但是有关环境、自然资源保护的法律制度已基本形成，中国环境资源立法从无到有、从简单到复杂、从单一到系统、从国内环境资源问题到国际环境合作，已经初步形成以宪法中环境资源相关条例为依据，以环境保护法为基础，以单行环境资源法律为保障，以部门法律规定和地方性环境资源法规为配套，以国际环境资源保护条约公约为辅助，形成多层次、全方位的环境资源法律制度，生态安全保障基本有法可依。

近年来，我国的环境资源立法得到了较快发展，初步做到有法可依、有章可循，为保护、改善自然资源和生态环境发挥着重要作用。同时，环境资源立法是动态的、开放的，随着经济社会发展和生态环境规律的变化而不断发展。当前，中国环境资源立法应在科学发展观的指导下，按照生态文明建设的要求，在立法理念、内容、方法和技术等方面积极创新，逐步完善中国环境资源法律制度。对环境保护与资源合理开发利用，促进经济社会可持续发展具有重要意义。

8.1.1 保障生态安全的我国环境资源立法发展历程与现状

20 世纪 70 年代，随着党中央、国务院将环境保护提上国家整体发展的议事日程中以来，以防治环境污染为主要内容的环境立法开始发展。1973 年，由国务院批转的《关于保护和改善环境的若干规定》是中国历史上第一个以环境保护为目的的规范性文件。同年，由当时的国家计划委员会、国家建设委员会、卫生部联合批准颁布了中国第一个环境保护标准《工业"三废"排放试行标准》。1978 年通过的宪法，在总纲中规定"国家保护环境和自然资源，防治污染和其他公害"，这是中国首次将环境保护工作列入国家根本大法，把环境保护确定为国家的一项基本职责。1979 年 9 月 13 日由第五届全国人民代表大会常务委员会第十一次会议原则通过了《中华人民共和国环境保护法（试行）》，中国第一部环境法律问世，该法律规定了各地建立环境保护的管理机构和环境影响评价、三同时制度等，确立了经济建设、社会发展与环境保护协调发展的基本方针，标志着中国新时期环境资源立法工作的正式开始。1982 年宪法即中华人民共和国现行宪法第九条规定："矿藏、水流、森林、山岭、草原、荒地、滩涂等自然资源，都属于国家所有，即全民所有；由法律规定属于集体所有的森林和山岭、草原、荒地、滩涂除外。""国家保障自然资源的合理利用，保护珍贵的动物和植物。禁止任何组织或者个人用任何手段侵占或者破坏自然资源。"第十条第五款规定：

"一切使用土地的组织和个人必须合理地利用土地。"第二十六条规定："国家保护和改善生活环境和生态环境，防治污染和其他公害。国家组织和管理植树造林，保护林木。"以上法律条款，是中国环境资源保护的最高法律效力规定，是环境资源立法的宪法依据。

20世纪80年代，随着工业化、城市化进程的加快，环境污染和环境突发事件不断增多，国家对环境保护工作力度不断加大，环境保护被列为基本国策，环境资源立法进入迅速发展阶段。全国人民代表大会常务委员会先后制定和颁布了《海洋环境保护法》（1982年）、《水污染防治法》（1984年）、《大气污染防治法》（1987年）、《森林法》（1984年）、《草原法》（1985年）、《渔业法》（1986年）、《矿产资源法》（1986年）、《土地管理法》（1986年）、《水法》（1988年）、《野生动物保护法》（1988年）等环境和自然资源保护相关法律。1989年12月，第七届全国人民代表大会常务委员会第十一次会议通过了《中华人民共和国环境保护法》。该法删去了原试行法中"环境保护机构和职责"、"科学研究和宣传教育"和"奖励和惩罚"三章，新设了"环境监督管理"与"法律责任"两章。在立法目的上采取了二元论，即保护环境资源和促进经济建设。该法确立了中国环境保护的基本原则和基本制度，确立了环境与经济、社会协调发展原则；环境保护公众参与原则；环境保护预防为主，防治结合原则；环境治理污染者负担原则。

1992年6月联合国环境与发展大会，提出并通过了全球的可持续发展战略《21世纪议程》，要求"必须发展和执行综合的、有制裁力的和有效的法律和条例"。1994年3月，国务院批准了《中国21世纪议程——21世纪人口、环境与发展白皮书》，提出实施可持续发展的总体战略、基本对策和行动方案，要求建立保障可持续发展战略实施的环境资源法律制度。全国人民代表大会常务委员会相继制定和修改了《大气污染防治法》（1995年）、《固体废物污染环境防治法》（1995年修改）、《水污染防治法》（1996年修改）、《环境噪声污染防治法》（1996年）、《水土保持法》（1991年）、《矿产资源法》（1996年修改）、《煤炭法》（1996年）、《森林法》（1998年修改）、《土地管理法》（1998年和2004年分别修改）、《渔业法》（2000年修改）、《海域使用管理法》（2001年）、《防沙治沙法》（2001年）、《环境影响评价法》（2002年）、《清洁生产促进法》（2002年）、《放射性污染防治法》（2003年）。以上环境资源法律的制定和修改，为全面实施可持续发展战略提供了有效的法律保障。

2003年党中央科学发展观的提出，为中国环境资源立法工作注入了新的活力。针对污染物防治、能源利用、发展循环经济等突出问题，全国人民代表大会常务委员会再次修改了《固体废物污染环境防治法》（2004年）、《水污染防治法》（2008 年），新制定了《可再生能源法》（2005 年）、《中华人民共和国循环经济促进法》（2008）。

加强与法律实施相配套的法规规章的制定工作，是保证法律有效实施的重要环节。全国人大及其常委会在环境资源立法规划、确定立法项目和法律草案起草中，积极开展有关法律配套规定的研究论证工作，协调沟通有关部门，督促做好制定法律配套和地方立法的工作。国务院及相关部门也制定了大量环境资源方面的行政法规和部门规章，各地方相应制定了地方性环境资源法规。

加强国际环境合作是环境保护工作的重要领域。为了加强环境资源保护领域的国际合作，维护国家的环境权益，承担应尽的环境保护义务，中国已经加入多项有关环境与发展的国际公约，并继续积极参与有关可持续发展的国际立法。中国缔结和参加了《保护臭氧层维也纳公约》《控制危险废物越境转移及其处置的巴塞尔公约》《核材料实物保护公约》《南太平洋无核区公约》《气候变化框架公约》《东南亚及太平洋区植物保护协定》等几十项国际条约、公约、协定。缔结参加有关国际环境资源保护的条约、公约、协定为中国环境资源立法工作提供有力的辅助作用。

经过 30 多年的努力，保障我国生态安全的环境资源立法从无到有、从简单到复杂、从单一到系统、从国内环境资源问题到国际环境合作，逐步形成以宪法中环境资源相关条例为依据，以《环境保护法》为基础，以单行环境资源法律法规和规章为保障，以部门法律规定和地方性环境资源法规为配套，以国际环境资源保护条约公约为辅助，覆盖污染防治、生态保护、资源管理等方面比较系统的法律法规制度，为完善中国特色社会主义法律体系，保护人类生态环境和自然资源合理利用发挥着重要作用。

8.1.2　保障生态安全的环境资源相关法律作用机理分析

根据中国环境资源立法所解决的主要环境资源问题，分别从由人类活动和自然因素直接引致的环境资源问题和资源能源的能量流的流动过程中为提高利用效率，减少资源消耗以及对外界的污染需规范的行为两个角度，在充分把握中国当前所面临的形势以及存在的主要环境问题基础上，构建环境资源法律与环境问题的对应关系图，如图 8-1 所示。

图 8-1 下半部分是按照能量流的走向，既从资源能源的输入端开始，经过开发、建设和生产加工等过程到废物回收管理及再利用，整个过程本着提高利用率与减少对环境的污染的原则，实现资源能源的循环再利用。上半部分的环境资源问题则是根据下面由资源能源的输入开始到废弃物的再利用各个环节会引发的环

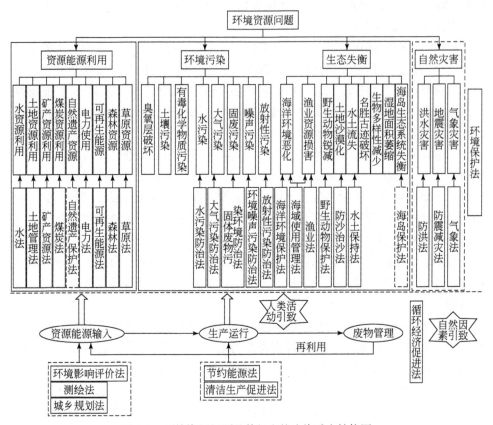

图 8-1　环境资源问题及其衍生的法律适应结构图

境资源问题所进行的分类列举。不难看出，当前我国的资源环境问题基本实现有法可依。

根据图 8-1 所示，从两个不同的角度对环境资源问题的划分，将环境资源法也分为两方面来分析。一方面，是由于受人类活动或者自然因素等外界影响而直接引致的环境污染、生态失衡、资源能源利用等环境本身出现的问题，据此出台的相关法律我们在此称其为本体法；另一方面，是在资源能源利用过程中，为提高资源和能源的利用效率，减少对环境造成的负面影响以及实现资源能源的循环利用而制定的法律，在此称其为过程法。

1. 环境资源本体法

在规范和约束环境本身问题所对应的环境资源法律中，根据具体调整对象不同可分为：资源能源利用类、环境污染类、生态失衡类和自然灾害类四种类型。

资源能源类法律是调整人们在资源能源的开发利用、保护和管理过程中所发生的各种社会关系的法律规范的总称。资源能源问题，是我国实现社会经济可持续发展的问题，也是全世界、全人类共同关心的重要问题。为保证资源能源的合理开采利用以及有效实施保护现已制定《水法》《矿产资源法》《土地管理法》《电力法》《煤炭法》《可再生能源法》《森林法》《草原法》等多部单行法。整体看来，针对当前存在的主要资源能源利用问题均有相关法律予以保障，但还存在一些法律空白，如自然遗产资源的保护至今还未出台专项法律规范。遗产资源是遗产旅游发展的基础，不合理开发和保护，将使遗产旅游的发展失去根基。切实保护和合理利用我国的遗产资源，对于改善生态环境、发展旅游业、弘扬民族文化、激发爱国热情、丰富人民群众的文化生活都具有重要作用。在《环境保护法》《大气污染防治法》《固体废物污染环境防治法》《城乡规划法》《野生动物保护法》等法律中，也有关于遗产资源保护的法律规定。但仅靠单项法规不足以解决遗产资源管理中存在的复杂职能关系、利益关系的交叉，尤其是遗产保护部门与旅游经营部门之间存在的冲突与矛盾难以用单项法规予以协调，为此规范遗产资源保护机制，还应制定专项的法律进行保障。

对于已制定的资源能源类专门法律，也还存在一些不足。如法律条文中用于开发利用的笔墨较多，而修复保护的较少。人们过多的关注其经济效能，却忽略生态环境给人类健康带来的无形价值。如《森林法》《草原法》中均对资源开采及利用规定的较多，而培育和保护的相关笔墨却很少。所以说，维护生态平衡，避免生态破坏，保护人类生态环境还有一段路要走。

环境污染防治类法律的产生主要归因于污染现象的出现，早在20世纪30年代到60年代，工厂与城市的公害事件就不断涌现，而突出的"八大公害事件"更是震惊了世界。1962年，美国科学家卡逊女士发表的《寂静的春天》则深深地提醒世人警惕过度使用农药的恶果。环境污染问题已成为世人关注的焦点，而环境法的研究也愈发繁荣。

从目前我国已经制定的环境资源立法来看，针对当前存在的水污染、大气污染、土壤污染、固体废物污染、环境噪声污染、放射性污染、臭氧层破坏和有毒化学物质污染等主要环境污染问题，已制定《水污染防治法》《大气污染防治法》《固体废物污染环境防治法》《环境噪声污染防治法》《放射性污染防治法》等专项法律。但土壤污染、臭氧层破坏以及有毒化学物质污染还未出台专项的法律保障制度。虽然在《土地管理法》中也提到土壤保护内容，但没有对土壤污染的监督管理和防治控制以及法律责任做详细规定。臭氧层破坏，是全球性的环境问题。自20世纪70年代提出臭氧层正在受到耗蚀的科学论点以来，联合国环境规划署意识到，保护臭氧层应作为全球环境问题，需要全球合作行动，并召开了多次国际会议，为制定全球性的保护公约和合作行动作了大量的工作。中国虽然也采取了积极的应对措施，但对此问题还未制定专项法律予以保护和治理。对于臭氧层破坏的严重性，以及给人类带来的危害性巨大，有必要制定专项法律对臭氧层破坏问题予以立法保障。并需要加强国际合作，人类共同生存的地球和共同拥有的天空，是不可分割的整体。保护地球，需要各国共同行动。然而，进一步对已制定的五部污染防治类法律进行研究，不难发现，当前对于环境污染的法律控制大都停留于末端治理，造成很多无法挽回的局面，付出惨重的代价，严重影响人类赖以生存的环境。对于此类问题必须引起国家高度重视，应积极推动环境立法从原来的污染防治战略逐渐转向重视预防、全过程管理、清洁生产、源头控制和总量控制等立法宗旨的转变，提高法律的效能，使环境法更具科学性。

生态保护类法律是针对由外界影响所引发的生态失衡问题而制定的环境资源法律。主要目的在于强调对整个生态环境的全局保护，保持生态（包括物种）的多样性，达到维持生态系统的平衡、促进人与自然的协调发展。当前，我国针对破坏比较严重的海洋、渔业、野生动物保护以及土地沙漠化和水土流失等生态失衡问题，均已出台专门法律如《海洋环境保护法》《渔业法》《野生动物保护法》《防沙治沙法》《水土保持法》《海域使用管理法》等。随着国家对于生态环境保护的逐渐重视，环境资源立法日趋完善，国家针对海岛系统失衡而计划出台的《海岛保护法》也呼之欲出。对于名胜古迹保护不力、生物多样性减少以及湿地面积萎缩等环境问题的解决目前还未制定专门立法，在解决此类问题时只能参照与这些问题相关的法律、政策。使得对名胜古迹保护、生物多样性保护、湿地问题的保护和利用的管理出现一定程度的混乱以及无法可依。难以实现维护生态系统平衡的目的，不能为全面规范自然保护区、名胜古迹、生物多样性、湿地的调查、科研、开发、利用及保护等相关活动提供法律保障。

生态保护类法律通常是在各个自然资源法规范和制度的基础上形成的，是一个综合性法律部门，有时往往要通过土地法、水法、森林法、矿产资源法等自然资源法部门来实现，这些法律部门相互联系、有机配合成一个统一的法律体系为生态环境法的重要内容，但生态保护类法与自然资源法仍各不失其独立性，二者有质的区别。

自然灾害类法律是针对由自然因素引致的与人类关系紧密的自然灾害所制定法律规范。目前除农作物生物与森林生物灾害还未出台具体防范治理规定外，中国已出台《防洪法》《防震减灾法》《中华人民共和国气象法》三部专门法律加强应对自然灾害问题，同时制定配套防灾减灾有关法律法规近百项，随着法制建设的逐步入轨，已初步建立起一个比较完整的减灾法规和减灾管理制度。然而，面对重大灾害频频发生和局部地区环境日趋严峻的事实，应当说，我国的减灾法制建设与客观要求还有一定差距。

2. 环境资源过程法

为提高资源能源的有效利用率，实现资源的综合利用和再生资源的循环利用，变废为宝、节约资源，通过减少污染物排放，促进环境保护，所提出的环境资源的过程法是为了保障资源能源充分发挥它们的经济效能，实现资源的合理利用，减少相同经济速度和规模下资源的消耗量和废物的产生量而制定的科学合理的法律规则，进而缓解因资源耗竭引发的环境问题。也就是说中国除对环境本体问题制定法律外，为促进本体的优化还对利用程序中所出现的问题进行法律保障。

根据资源的物质流向，首先，以2008年制定的《循环经济促进法》为指导，全面规范从资源输入到废物排放的全过程，保障资源实现减量化、再利用、资源化利用。在资源的输入前，制定《环境影响评价法》对周边环境的影响进行综合评价，减少因资源开发建设造成的环境污染。《城乡规划法》是为加强城乡规划管理，协调城乡空间布局，改善人居环境，促进经济社会的全面协调可持续发展而制定，对于资源能源输入前的开采建设具有重要的指导作用。其次，进入生产加工阶段，我国相应制定《清洁生产促进法》和《节约能源法》规范了产品生产、加工、流通和消费等各类行为，其核心旨在对输入资源实行生态设计保证节约、高效利用。最后，在资源能源输出端对废弃物处理还没有专门的法律规范，仅有一些法规，这是环境资源立法待完善之处。有效的落实还需增强法律的整体推动力和保障力。应积极制定和完善配套的行政法律、地方法规、部门规章和标准等法律文件，提高法律的可操作性。然而，有法可依只是解决问题的基础，要想切实保证法律效力，还需在法律的执法环节中予以足够重视。

综上所述，环境资源法调整的关系涉及各种错综复杂的行政关系、经济关系、社会关系、区域关系和生态关系。环境资源法是环境实体法和程序法的结合，既有公法的性质又有私法的性质，既有社会的法的性质又有生态法的性质。环境资源立法通过调整人与自然的矛盾、协调人与自然的关系，既保护有利于执政阶级的社会环境、社会秩序，又保护人类共享的自然环境、自然秩序。目前来看，中国环境资源立法已基本形成有法可依的法律法规制度，为解决当前环境问题提供了有力的法律保障。

8.1.3　保障生态安全的环境资源立法中存在的问题

我国的生态安全法是由大气污染防治法、水污染防治法、防沙治沙法、气象法、土地法、森林法、草原法等一系列环境资源相关的法律法规条例构成的法群，它们有了共同的调整对象，但是缺乏相互联系和整体联系的内容，没有在法律内容上反映出整体性，所以还没有能够形成真正的生态安全法体系。现有保障生态安全的环境资源立法还存在以下问题（薛惠锋等，2009）：

1. 完备性问题

现行的环境资源立法中存在部分立法空白、配套法规制定不及时、其他环境管理手段缺乏法律依据等问题，环境资源法律制度缺乏完备性。

部分环境资源领域立法尚有缺失。如在土壤污染防治、危险化学品环境管理、排污权交易、气候变化控制、外来入侵物种防治等领域，目前只有一些规范性文件，还未制定相关法律。

配套法规制定不及时，影响法律的有效实施。行政法规和地方性法规是中国特色社会主义法律体系的重要组成部分，在中国环境资源立法中，法律、行政法规、地方性法规三个层次法律规范相互间还不够配套，许多环境资源相关法律出台后，要求制定的配套法规和规章不能及时出台，一些重要的配套法规已不能适应法律的要求，未能及时修订，在一定程度上影响了法律实施。如新修改的《水污染防治法》提出，水环境保护目标责任制和考核评价制度、生态补偿机制、重点排污单位自动监测以及农业面源污染防治等措施，由于配套法规尚未出台，对《水污染防治法》的贯彻实施带来较大的影响。

行政手段、经济手段、公众参与等环境管理手段缺乏有效的立法保障，难以发挥应有的作用。法律规定是解决环境资源问题的重要手段，但并非唯一手段。在环境资源管理中，要充分发挥市场机制、行业自律、公众环保意识等调控手段，但是这些手段的有效实施需要通过法律制度来保障。现行环境资源保护立法确立的是"预防为主，防治结合"的原则，预防以环境影响评价制度和"三同时"为主要支柱。但这种预防手段主要依赖行政强制力量，政府主导思想更多地贯穿于环境立法之中。市场调控手段法规制度不够健全。目前实施的只有排污收费和污水处理收费等，其他抑制环境污染的环境税费、能源资源税费、生态补偿制度还没有得到有效实施，单靠行政措施很难得到有效落实。公众环境资源保护参与缺乏有效的立法保障，相应的社会调控机制尚未有效发挥。环境立法缺乏广泛的公开性和普遍的民主性，没有相应的监督机制和信息披露制度，也没有能力建设和基础保障措施来保证公民对行政立法进行有效的参与，程序上就不能很好地保障立法能全面衡量并反映社会公共利益的问题。如果不能通过良好的制度设计，从程序上使环境立法受到切实的监督和控制，就很难避免和制约立法的"权力滥用"，甚至可能使立法背离起初的设定目标，成为地方利益、部门利益之争的工具。

2. 适时性问题

大量法律制定时间较早，部分规定已不适应经济社会发展的需要。环境资源法律制度是特定社会历史条件下形成的，具有显明的时代特征。中国环境资源法律、法规、规章、条例大都产生在 20 世纪八九十年代，已明显不适应经济社会发展特别是社会主义市场经济的需要。

1989 年正式颁布实施《中华人民共和国环境保护法》，推动我国环境保护事业发展、推进我国环境法治化进程和环境法律制度建设发挥了重要作用。但是多年来，国内外经济社会以及环境保护形势发生了巨大变化，市场经济体制逐步完善，公众对环境质量的要求不断提高。现行环境保护法已经无法满足环境保护工作发展的新要求，环境保护法的指导思想明显落后于时代发展步伐。党和政府新的执政理念以及可持续发展、环境与发展综合决策、科学发展观、人与自然和谐、生态文明等先进理念没有在法律中体现。由于环境保护法是基于中国当时实行的计划经济体制制定的，许多发展规定不可避免地带有浓重的计划经济色彩，与当前我国社会主义的市场经济体制不相适应。在环境保护法出台后相继制定和修改了多部环境资源相关法律，客观上出现了环境保护法中一些条款滞后于现行单行法律条款。

3. 一致性问题

由于环境资源法律产生时间的先后性，部分法律存在前法与后法不够衔接、相关法律规定不一致问题。部分法律之间规定相互不尽一致，给环境责任认定带来一定的难度。

我国《民法通则》第 124 条规定："违反国家保护环境防止污染规定，污染环境造成他人损害的，应当依法承担民事责任。"这一规定将致害行为的违法性作为环境民事责任的构成要件之一，而环境法及相关立法却作出了不同的规定。例如，《环境保护法》第 41 条规定："造成环境污染危害的，有责任排除危害，并对直接遭受损害的单位或者个人赔偿损失。"《水污染防治法》第 5 条第 2 款规定："因水污染危害受到损失的单位和个人，有权要求致害者排除危害和赔偿损失。"《大气污染防治法》第 62 条规定："造成大气污染危害的单位，有责任排除危害，并对直接遭受损失的单位或者个人赔偿损失。"我国环境立法中大都规定环境污染侵权行为仅以危害事实以及加害行为与危害事实间的因果关系为其构成要件，对致害行为有无违法性则无规定。这一立法的不一致、不协调，对司法实践中环境民事责任的认定增加了难度。

又如《水污染防治法》规定"缴纳排污费数额二倍以上五倍以下的罚款"，《大气污染防治法》规定"处一万元以上十万元以下罚款"，而《固体废物污染环境防治法》没有具体的经济处罚规定，三部法律处罚标准和额度规定明显不一致。

4. 有效性问题

部分法律规定过于抽象，缺乏可操作性，难以得到有效实施。现行的环境资源部分法律规定过于抽象，可操作性不强，难以保证实施。在有关环境法律责任的规定上，仅指出违反环境法应承担的行政责任、民事责任、刑事责任，但到底哪些属于行政、民事、刑事责任内容，违法者又没有在哪些情况下分别承担这些责任，都没有明确的规定。因此，各地环境行政主管部门在处罚上差距较大，许多环境纠纷不仅得不到圆满的解决，反而引起新的矛盾和纠纷。

如《水污染防治法》对生态补偿机制和农业农村水污染防治做了规定，但是没有可操作的具体措施的内容。《环境噪声污染防治法》和《野生动物保护法》规定的法律责任中只有处罚的种类，没有规定罚款数额，实践中难以执行。《固体废物污染环境防治法》规定"拆解、利用、处置废弃电器产品和废弃机动车船，应当遵守有关法律、法规的规定，采取措施，防止环境污染"，这一规定过于抽象。再如《环境影响评价法》关于规划环境影响评价的规定比较抽象，如审查程序不够具体、牵头组织审查的主体不够明确、对规划进行环境影响评价的强制性要求不够有力等，这在很大程度上限制了规划环境评价制度的实际执行效果，目前实践中很多规划并未按照法律的要求进行环境影响评价。以上规定的抽象性助长了环境资源法律实施操作中的随意性，特别是涉及部门利益时，责权利界定不够明确，以至于在法律实施中出现互相推诿责任的现象，许多违法现象不能及时发现和制止，影响整个环境资源法律的实施效果。

8.2 保障生态安全的环境资源系统立法方法

环境资源立法不仅与各门社会科学、人文科学和其他法学分科有紧密联系，不仅应该采用这些学科的研究方法，而且与许多自然技术科学有着密切的联系，应该采用有关自然技术科学的研究方法。运用自然技术科学的研究方法来研究法学问题、提高法学研究水平、实现法学研究的现代化，不仅是环境资源法学研究方法的一个特点，也是整个法学研究方法的发展趋势（蔡守秋，2010）。

系统科学为法学研究提供了一个新思路和新方法，当前相关法学研究领域已经展开相关研究，如法治系统工程在中国的理论研究和实践已有 30 年，取得了一定的成绩。但是将系统科学理论和方法引入环境资源法学研究尤其是对环境资源立法的系统研究还处于空白。结合对中国环境资源立法的实践工作，在法治系统工程研究的基础上，提出中国环境资源立法系统研究的方法，并对环境立法系统工程的基本概念、基本原理和研究思路、方法等进行探索。

党的十六大报告强调指出："坚持和完善人民代表大会制度，保证人民代表大会及其常委会依法履行职能，保证立法和决策更好地体现人民的意志。"报告首次把人大"决策"与立法放在一起，这是前所未有的，它表明人大行使国家决策权在政治体制上的阻碍已被破除，人大决策权在宪政中的地位将得到应有的尊重，同时也表明立法的过程中，充分吸取了人民的意愿。

8.2.1　环境资源立法系统工程

1. 法治系统工程

将系统科学引入法学领域的尝试，自系统科学问世之初就已经开始。一般认为，控制论创始人维纳所著《人有人的用处：控制论与社会》一书，是系统科学与法学的最早结合。维纳运用控制论的一般原理对有关法律、正义、道德、社会控制等问题所作的"纯技术性解释"，为人们从全新的角度追踪、控测、确定和把握复杂纷纭的法的现象勾画出了另一番图景。

早在1980年，钱学森就精辟地界定了法治系统工程的内涵，即我们的法制要健全，就不能有漏洞、有矛盾，要能适应国际法律；要在庞大的法律体系中做到这一点是一项不简单的事，可能要引用现代科学技术中的数理逻辑和计算技术，而这还不是全部社会主义法治的工作，因为上面说的还只是健全法制，再加上法律的实施，如侦查、检察、审判等工作，才构成全部法治，建设全部社会主义法治的工作是改造我们社会的极其重大的任务，称之为法治系统工程。

法治科学是法学进入法治社会后的一种表现形式，是以法治系统为研究和应用对象的科学。法治系统工程作为法治科学的基本技术和基本方法不仅正在影响着理论法学的研究，而且正在实现着对应用法学的改造。

2. 环境资源立法系统工程的概念

环境资源立法是环境资源法律规范文件的规划、设计、起草、审议、颁布、废/改/立等过程，这个过程本质上就是一个系统工程，即环境资源立法系统工程。环境资源立法系统工程主要包括"立法预测/立法构想→立项→资料搜集与调查→研究→法案起草→立法机关审议并通过→法律规范公布实施→法律规范废/改/立"等一系列相互作用、相互促进的工作内容和工作流程。

从系统的角度,立法系统工程是将人类所面临的环境资源问题、现有的行为规范和标准作为输入信息,通过国家立法机关的法律起草、审议等系统处理流程,最后形成一个规范文件,即法律,作为系统输出。因此,环境资源立法就是一个为解决环境问题而形成环境资源法律制度的系统加工处理过程。在系统运行(颁布实施)一段时间后需要修订或修改,这就是系统的优化和升级,其基本过程如图 8-2 所示。

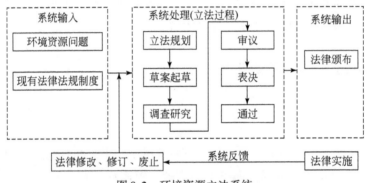

图 8-2 环境资源立法系统

环境资源立法系统工程,就是指运用系统工程思想和方法,根据人类社会发展中面临的环境资源问题,择优创制和修改法律,以不断维护环境资源法律制度整体最优的思想方法和组织管理技术,是系统工程在环境资源立法中的具体应用。

3. 环境资源立法系统工程基本原理

环境立法系统工程基本原理是指在系统工程作用于立法系统的全过程中始终作用的原理。它既服从于系统科学的基本原理,又有法律科学特点。

(1)整体性原理。系统工程的整体性原理是指人们在构造某个系统工程时应注重发挥该系统工程的整体功能。整体性原理在环境资源立法中的应用体现为:环境资源法律中国特色社会主义立法体系的有机组成部分,环境资源立法必须与中国特色社会主义法律体系建设相一致,符合整个国家法律体系的统一要求;环境资源立法包括宪法中对环境资源保护的规定、各种环境资源单行法律、部门行政法规、地方性法规、参加的各种国际环境公约以及其他部门法关于环境资源保护利用的规定,都是环境资源立法的有机组成部分,是一个整体。需要从整体上考虑不同层次、不同法律之间的衔接和配套,注意程序法与实体法直接的配套,确保法律的可操作性;从环境资源立法的整体性角度分析,环境资源立法离不开借鉴国内外已有的法律规范，需要各种理论、经验和知识的综合。综合是整体性原理的一种实践，综合就是一种再创造。环境资源立法需要综合古今中外的立法经验，需要综合考虑经济与环境协调问题，需要综合来自不同领域专家的意见，需要综合利用各种技术方法。一部环境资源法律在表面上看，似乎是集中解决某个突出问题，实际上它们都是环境资源立法系统的有机部分，各个法律的"最优结构"将会形成一种系统的合力，提高整个环境资源法律的整体最优调整能力。

（2）有序性原理。按照系统工程的有序性原理，系统有序性的改变将会使事物发生质的变化，对系统产生质的影响，即系统结构决定系统功能。系统工程的等级、层次和次序结构原理即系统工程的有序性原理告诉我们，任何系统都是由一定部分组成的整体，而这一整体中的各个部分又是由更小的部分组成的。任何一个系统往往是更大的一个系统的组成部分，如此递升，以至无穷。由此就形成系统的等级和层次。在同一等级和层次的系统诸要素中也是有秩序的，具有较为稳定的结构次序。有序性原理的意义在于要求人们认识立法的等级、层次、秩序结构。我国的环境资源法律法规是有条不紊、井然有序的组合，它们在位阶上是分层次的，而层次是依据立法机关的地位高低和立法程序的限制多少来划分的，因此，我们在设计环境资源立法结构时，首先要明确各个法的位阶，使环境资源立法层次分明、位阶有序，让不同位阶的环境资源法各归其位。

（3）协调性原理。系统工程的协调性原理是指系统的各个组成部分是相互联系、相互作用的，因此，要注重研究它们相互协作、相互协调的功能，防止它们相互冲突、相互抵消。将该原理应用到环境资源立法中，是指立法系统的要素与要素之间，要素与系统之间，要素与系统环境之间，系统与系统环境之间是遵循一定规律相互联系和相互作用的原理，也就是要求各项环境资源立法协调。环境资源立法协调包括内部协调、法与法之间纵向协调和各种法之间的横向协调性。法的内部协调性，要求在一部立法中的法的内容、形式和法的结构要保持协调一致。特别是法的规范、法的基本原则、基本法律制度和措施要保持协调一致。法与法之间纵向的协调性是指宪法、法律、行政法规、地方性法规和行政规章之间要保持协调一致，在内容方面下一层次的立法不得与上一层次的立法相抵触，否则将被撤销或修改。出现这样的情况属于立法中的重点瑕疵，是应该极力避免的。各种法之间的横向协调性是指各部门法之间，如民法、刑法、经济法、行政法、环境法之间要保持协调一致。环境资源立法的综合性及其所调整的社会关系的广泛性，决定了除环境法以外其他部门法也有关于环境与资源保护的法律规范。因此，尤其要注意这些部门法之间对相同内容规定的协调一致问题。

（4）动态性原理。所谓动态性原理，是指系统作为一个运动着的有机体，其稳定状态是相对的，运动状态则是绝对的，系统不仅作为一个功能实体而存在，而且作为一种运动而存在。动态性在环境资源立法中有多方面的运用价值。首先，环境资源立法是一个不断完善的过程，任何法律的制定、修改都不是一项任务的结束，是需要社会经济发展过程中不断出现的环境资源问题不断更新和优化，是一个系统不断发展的过程。再次，立法者应该把自己看做一个自然科学家，他不是在制造法律，不是在发明法律，而仅仅是在表述法律，他把法律关系的内在规律表现在有意识的现行法律之中。立法者如果能把客观规律表达清楚，则制定的法律就能够最大限度地反映客观社会关系的需求。最后，环境资源立法应具有超前性，具有对未来可能存在的环境资源问题进行预测和防控的作用，不是仅仅对当前环境资源问题的关系调整和规范表达，而是随着社会经济发展，具有在一段时间范围内的自动适应功能。环境资源立法与中国特色社会主义法律体系建设相协调，与社会经济发展相协调。

8.2.2　环境资源立法系统研究的基本思路

采用系统科学的方法来分析、解决问题，从多因素、多层次、多方面入手研究经济社会发展和社会形态、自然形态的大系统。从问题出发，从信息流的角度，对中国环境资源各种形式立法系统进行构建（图8-3）：

（1）监测：提供关于法律制度的过去原因和结果的信息。（描述性）

（2）评价：提供关于过去和将来法律的价值的信息。（评价性）

（3）预测：提供关于立法后的环境发展结果的信息。（预测性）

（4）建议：提供关于将来行动方法产生有价值结果的可能性方面的信息。（规范性）

（5）问题分析：以上分析的出发点是存在的环境问题，立法正是为解决存在的环境问题而建立相应的规范性文件，所以对问题需要全面认识和分析。

（6）法律构建：立法制度是利用以上信息处理过程对环境问题的解决方案。以上方法的具体应用，便产生了环境资源问题、立法前景、法律实施、立法结果和立法评估。

环境资源立法研究就是以社会经济发展中的环境资源问题为中心，以建立相应的法律系统为目的，通过一系列信息控制和操作流程，形成一个动态的、开放的、复杂的系统，即环境资源法律制度系统。该系统的建立、发展、更新就是环境资源立法系统的工程实施过程。

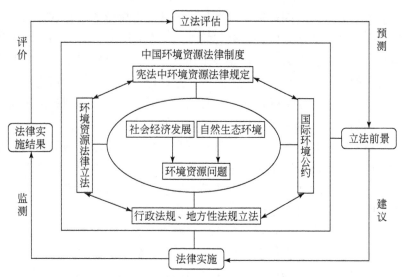

图 8-3　环境资源立法系统研究框架

8.2.3　基于信息流的环境资源立法决策过程

在立法决策中，其最根本和最重要的因素是信息。这里所谓的信息，是一切社会上对某一问题的反应。当立法者需要因为某一问题而制定法律时，海量的信息将等待立法者去处理，而这，便是立法决策技术所承担的最主要和最重要的工作。图 8-4 是基于信息流动的立法决策过程。

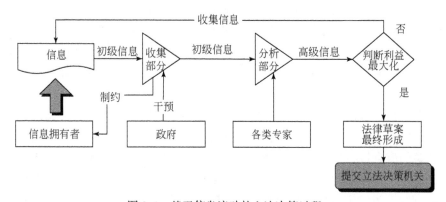

图 8-4　基于信息流动的立法决策过程

立法决策的起始点是信息，而信息分为静态信息和动态信息。如收集信息的时候只是采用类似于调查问卷形式的方法收集起来的信息，这类信息只是表现一个静态的信息，但随着时间和环境的变化，信息的可靠程度就会下降。

而我们需要动态的信息以进行动态的立法。在立法时，对人的行为方面我们至少需要收集两类信息，第一，在无法律规范之下，需要法律管理、规范的行为人是如何行为的？第二，在法律规范之下，这些行为人又会如何行为？在这两类信息中，第一类信息往往是既定的、可收集的；而第二类信息则是不确定、不能收集但可以预测的，这种信息构成了动态信息的主体，对立法机构而言，这类信息的获取是最不容忽视的，但这类信息并非客观存在，而信息预测需要有基础和前提。我们认为，在法律制定过程中，人的经济人特性是预测人即将如何行为的最大基础，因此也是法律形成时最大的动态信息。对经济人而言，最大化自身利益是他时刻所追求的，这使他的行为可以比较准确地被预期。

信息的载体是信息的拥有者，立法者获得信息的途径便是信息的拥有者，而在某一些个别问题上会存在信息拥有的不公平。少数人掌握着大量的信息，这就会给立法后边的工作带来隐患。因为这会出现少数人"钻法律的空子"的现象，所以在信息收集的过程中要有政府对信息的拥有者进行制约，强迫其遵循信息的公平。在搜集信息的过程中，信息量的大小和丰富程度，可以说直接决定了立法的成功与失败。我们搜集的动态信息越多，越丰富，立的法才会最大限度地解决问题，最大限度地调和社会利益的分配不均，但是也不是无限多就无限的好。我们不能忽视在信息的搜集过程中的成本。当然，搜集有效信息所付出的成本是必需的，但是也存在成本边界效应。当搜集信息的效益超过其成本时，就会变成附加成本，使其变得不划算。这就需要政府专门设置信息搜集部门来监管和协调在信息搜集过程中出现的问题。

由搜集部门搜集的信息只是信息的原型，其中存在着很多无用信息，我们称之为初级信息。那么为了对立法有强大的作用，我们必须对这些从一线收集来的信息进行分析和整理。这个过程，应该是整个立法过程的核心。在此过程中需要各类专家，政府，人民大众都参与进来。在分析阶段，主要做的工作有两个：一是去伪存真。在海量的信息面前对某一问题的描述有真有假，有深有浅。这就需要对信息进行筛选。以得到最优的信息。二是抽象升级。搜集来的信息是从社会的各个阶层得来的，这就必然代表各个阶层的利益，而我们要做的是让这些代表不同利益的信息进行博弈。当达到均衡的时候便是可行的甚至是最优的效果。这个过程是一个循环演化的过程，当没有达到均衡，或者均衡后的效果不是预期的效果的时候，我们便会从头开始，在信息搜集阶段查找原因，以保证整个立法决策过程的完备性。

当各方利益达到均衡时，我们看到的是一条条的抽象信息，它们代表的是一个群体的利益。这时，法律专家针对已有的信息去制定法律条款。立法的条款一般分为四种类型，即法律性条款、实施性条款、惩罚性条款和划拨性条款。这里应该注意的是，制定的法律条款要有可操作性和法律性。最后形成法律草案，提交立法决策机关。

8.2.4 基于综合集成法的立法决策方法

立法是对社会关系的调整，也是对社会利益的分配，在调整与分配的过程中必然存在立法决策。立法决策由决策原理、决策程序和决策方法三要素构成，是立法主体在自己的职权范围内，就立法活动中的实际问题，作出的某种选择和决定的行为。现代立法决策的两个基本目标是民主化和科学化。民主化与自由、人权、法治有关，科学化与效率、经济和优化相连。二者互补，并在互动中推动法律文明的发展。

环境立法就是一项复杂的巨系统。"采用系统科学的方法来分析、解决问题，从多因素、多层次、多方面入手研究经济社会发展和社会形态、自然形态的大系统"，系统分析中国当前所面对的环境安全现状和发展趋势。针对特定形势下的环境资源问题，在应对危机的同时，如何预防可能出现的环境危机，实现经济与环境的协调发展，构建中国环境安全的法律保障制度，并对法律清理、立法决策等关键性问题进行深入研究（熊继宁，2006）。

具体研究思路为，通过对现有中国环境资源相关法律的现状、存在的问题和发展趋势研究，借鉴国外环境资源法律建设的先进经验，与全国人民代表大会的环境与资源立法工作实际相结合，利用综合集成的科学决策方法研究如何优化中国环境资源法律制度，提出修改和完善中国环境资源立法的建议，以确保新形势下中国环境安全，保障人类身体健康、生态环境良好、社会经济平稳发展。

基于综合集成的环境资源立法决策技术路线如图8-5所示。环境与资源立法机关准备要立法，在全国范围内搜集必要信息，甚至还需在国外搜集相关的问题和解决问题的方法、经验。这些都将作为后续立法决策过程中的最重要的信息。在此之后，决策支持系统首先将对任务进行分析，分析其目的和机制。对问题进行建模、仿真、分析、优化、法案分析与综合。这个过程都要有环境与资源立法设计的有关部门专家参与，利用他们的专业知识和经验去支持整个过程的进行。同时，也需要立法系统工程项目组的专业知识和经验。

因为整个过程是一个极其复杂的系统工程，必须利用系统工程的方法整体把握和优化，以使整个决策过程高效、科学。对问题的分析过程中，需要各个领域的专家进行讨论，在有定性结论之后进行建模，同时必须进行仿真，以使从定性的结论上升到定量的高度。在环境与资源立法机关将法律实施后，并不意味着整

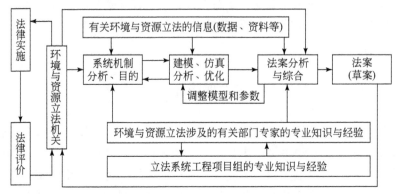

图 8-5 基于综合集成法的立法决策技术路线

个过程结束了，而是要在后期进行对法律实施的检测和评价，且这个过程也是反复的。

8.2.5 环境资源立法决策支持系统模型

在上述概念模型的基础上，我们可以系统设计基于综合集成的立法决策支持系统。基于对整个系统的考虑，我们选用 B/S (bowers/server) 模式来取代传统的 C/S (client/server) 模式来设计整个系统。因为它易于使用，可扩展性好，维护费用低，同时系统为定量分析环境开发了应用客户端，使本地的辅助决策操作性能大大提高，系统支持分布在各地的专家同时、异时进行研讨决策。

在这种结构下，用户工作界面是通过万维网来实现，极少部分事务逻辑在前端 (browser) 实现，但是主要事务逻辑在服务器端 (server) 实现，形成所谓三层 3-tier 结构，即表示层、中间层、后台资源，如图 8-6 所示。

系统分为表示层、应用层、服务器层三个层次：

（1）表示层：该系统的用户是环境与资源立法工作者，并且有可能分布在全国各处。所以以网络浏览器的方式进行互动比较方便，而且此技术已经非常成熟。浏览器通过 Web 服务器访问应用服务器。

（2）应用层：应用层是整个系统的核心部分。它把与系统相关的各要素都紧密地连接起来，包括相关的数据、模型、知识、专家、设备和环境等，也包括已建立的系统或服务系统，在媒体内容一级上进行综合和集成，包括用户管理和权限管理，会议组织，主题研讨决策部分，资源集成管理部分。在整个系统中必须设置一个会议主持人来组织会议。在组织会议子系统中，根据资源与环境立法机关所要立法的问题和现象来确定会议主题，这需要主持人（相当于一般系统的

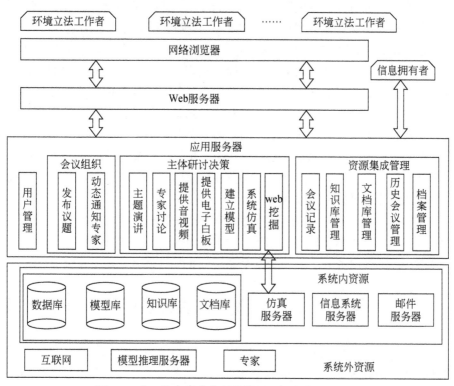

图 8-6　基于综合集成的环境资源立法决策支持系统

系统管理员）适时的动态通知与会专家。这需要借助后台的邮件服务器，还要发布会议的议题，这也可以在通知专家参会的时候一并告知，好让专家做好充足的准备工作。主持人应该是具有立法系统工程专业知识的专业人员，因为在整个系统运行的过程中需要主持人系统把握，并在适当的时候引导专家讨论的方向。主题研讨决策部分则是中间层的核心所在。在这个部分，包括主题演讲，专家争辩以重现在现实中的问题讨论经过。因为每个领域的专家都代表他自己领域的立场，经过争辩之后会自然地形成各个利益间博弈并最终达到均衡。为了使这个过程更加便利，可以提供音频、视频，电子白板。当然，在这个过程中，专家可以调用数据库中的资料和模型库中现有的模型，同时在该领域的专家可以通过知识库来了解此领域的知识。这样一来，就不会出现单线程思维的危险。经过专家们的讨论，形成模型，同时，新得到的模型可以入模型库以增加模型库的丰富程度。最终会得到一个定性的结论，但是，这远远不够。必须对已定性的问题进行定量的仿真模拟，这需要系统后台所提供的仿真服务器和推理服务器做支撑。仿真的结果可以检验专家们之前定性结论的正确性，如果不正确，会使专家重新认识问题。然后再重新进行专家间的博弈，得出结论再进行仿真，这样反复进行，最终便会得到一个令人满意的结果。此外，系统还可以提供 Web 挖掘，这样专家在补充知识的时候会方便的到互联网上找到自己想要的东西。最简单的实现方法就是直接链接到现有的搜索引擎。资源集成管理部分包括对知识库的管理，文档库的管理，历史会议的管理，模型库的管理和数据库的管理。此部分是和后台衔接的部分。在专家进行博弈时，如果有新的知识，可以补充到知识库中。同样的对其他库的管理，只要是新提出来的东西就要及时添加。另外，对每次会议必须进行记录，加入到文档库中，以便查找历史记录。需要说明的是，在资源集成管理部分必须有一个接口是针对信息拥有者的。信息的来源主要是信息的拥有者，所以此部分也是整个系统的关键点。

（3）服务器层：该层次为系统提供各种数据服务，是整个系统的基础。提供系统所需的所有数据、模型、知识、文档，包括数据库服务器、仿真服务器、推理服务器、邮件服务器。它们为整个系统的正常运行做数据支撑。

8.3 自然区保护立法中部门利益关系的演化博弈分析

法律作为调整利益关系的主要手段，在构建利益表达与均衡机制过程中理应承担重要的角色。要保障社会经济与自然环境发展过程中利益的协调与均衡，就要求环境立法能建立一种容纳利益表达和利益均衡的机制。生态安全立法工作中涉及管理部门多、责权关系交错复杂，各部门存在保护投入和利用收益冲突问题，同时，存在着各个部门的合作问题。博弈论注重不同利益主体之间的互动以及对结果的影响，并积极预测和寻求最优均衡；立法是博弈规则，其有效结果就是博弈达到均衡的结果（张强等，2009）。考虑环境法律制度所涉及的利益主体，分析新制度下的利益主体博弈的均衡，只有在此基础上才会制定出有效的法律。博弈论为构建有效的环境资源保护利益表达和利益均衡机制提供有力的分析工具。

8.3.1 演化博弈理论

演化博弈论是博弈论的一个新的分支，它在生物学进化论的基础上发展起来，将人类的经济活动和竞争性经济行为同生物的进化相类比，研究人类经济行为的策略和行为方式的均衡以及向均衡状态的调整、收敛的过程与性质。与传统博弈理论不同，演化博弈理论并不要求参与人是完全理性的，也不要求完全信息的条件，演化博弈分析的核心不是博弈方的最优策略选择，而是有限理性博弈方组成的群体成员的策略调整过程、趋势和稳定性。演化博弈论是把博弈理论分析和动态演化过程分析结合起来的一种理论。在方法论上，它不同于博弈论将重点放在静态均衡和比较静态均衡上，强调的是一种动态的均衡。演化理论中有两条最重要的机制：选择（selection）和突变（mutation）。选择是指能够获得较高支付的策略在以后将被更多的参与者采用；突变是指部分个体以随机的方式选择不同于群体的策略（可能获得高支付的策略，也可能获得较低支付的策略）。新的突变其实也是一种选择，但只有好的策略才能生存下来。选择是一种不断试错的过程，也是一种学习与模仿的过程。不具备这两个方面的模型不能称为演化博弈模型（易余胤和刘汉民，2005）。

演化博弈论是把博弈理论分析和动态演化过程分析结合起来的一种理论。演化博弈论源于生物进化论，成功地解释了生物进化过程中的某些现象，并在分析社会习惯、规范、制度或体制的自发形成及其影响因素等方面，取得了令人瞩目的成绩，成为博弈论研究的热点和重点（Morgenstern，2007）。

演化博弈的基本思想是：在具有一定规模的博弈群体中，博弈方进行着反复的博弈活动。由于有限理性，博弈方不可能在每一次博弈中都能找到最优的均衡点。于是，他的最佳策略就是模仿和改进过去自己和别人的最有利战略。演化博弈论研究的对象是一个"种群"，注重分析种群结构的变迁，而不是单个行为个体的效应分析（Nash，1950）。当某个系统中的所有参与者都采取"演化稳定策略"时，那么采用其他策略的个体将无法侵入这个系统，或者说，它将在自然选择的压力下改变策略或退出系统。

在演化博弈论中，其核心概念是"演化稳定策略"（evolutionary stable strategy，ESS）和"复制动态"（replicator dynamics）（王永平和孟卫东，2004）。ESS 表示一个种群抵抗变异策略侵入的一种稳定状态，其定义为：

若策略是一个 ESS，当且仅当：

（1）s^* 构成一个 Nash 均衡，即对任意的 s，有 $u(s^*, s^*) \geqslant (s^*, s)$；

（2）如果 $s^* \neq s$ 满足 $u(s^*, s^*) = u(s^*, s)$，则有 $u(s^*, s) > u(s, s)$。

复制动态实际上是描述某特定策略在一个种群中被采用的频数或频度的动态微分方程。根据演化原理，一种策略的适应度或支付（payoff）比种群的平均适应度高，这种策略就会在种群中发展，即适者生存体现在这种策略的增长率 $\dfrac{1}{X_k}\dfrac{\mathrm{d}X_k}{\mathrm{d}t}$ 大于零，可以用以下微分方程提出：

$$\frac{1}{x_k}\frac{\mathrm{d}x_k}{\mathrm{d}t} = [u(k, s) - u(s, s)], \quad k = 1, \cdots, K$$

式中，x_k 为一个种群采用策略 k 的比例，$u(k, s)$ 表示采用策略 k 时的适应度，

u（s，s）表示平均适应度，k 代表不同的策略。

8.3.2 自然保护区立法及部门合作关系

自然保护区是指世界各国为了保护具有代表性、典型性和科学研究价值的自然生态系统、野生动植物栖息地、优美的自然风景以及具有特殊科学和美学价值自然遗迹等划出的实行特殊保护措施的区域。根据 2007 年中国环境状况公报统计，我国有各级各类自然保护区共 2531 个，保护着 85% 的陆地自然生态系统、绝大多数自然遗迹、85% 的野生动植物种群和 65% 以上的高等植物群落。与世界上多数国家（特别是人口较多的国家）相比，我国的自然保护区域面积较大，占国土面积的 11.7%。但我国濒危物种数量仍然上升很快，约有 4000 ~ 5000 种高等植物处于濒危或受威胁状态，占我国高等植物总数的 15% ~ 20%，高于世界平均水平。实际保护效果方面，存在明显不足，比较普遍地存在着"批而不建、建而不管、管而不力""重开发轻保护"等诸多问题，自然保护区面临的开发压力越来越大，不少保护区出现了过度开发的现象，保护区域的自然和生态受到严重威胁甚至遭受破坏。相关立法相对滞后，与自然保护区现实发展和管理需要存在较大差距，难以合理调整自然保护区在设立和保护管理中的各种利益关系或矛盾冲突（马燕，2006）。自然保护区立法，就是要通过设定法律制度和规范，解决自然保护区保护和管理面临的问题，以有效地保护珍贵、重要的自然遗产。近几年，我国自然保护区立法引起社会各界关注，十一届全国人大将自然区保护法的起草列入立法规划二类项目。

自然保护区立法由于调整涉及内容广泛，涉及《野生动物保护法》《草原法》《森林法》《渔业法》等多部法律和《风景名胜区条例》《自然保护条例》《森林和野生动物类型自然保护区管理办法》等多个条例的内容。法律调整范围和职能十分复杂，涉及多个部门，部门间争议很大。具体涉及环境保护部、国土资源部、农业部、住房与城乡建设部、国家林业局、国家海洋局等部门，这些部门都属于自然保护区的管理机构，在自然保护区立法中各部门职责交错。在对《自然保护地法》（草案征求意见稿）与《自然保护区域法》（草案征求意见稿）征求意见的过程中，各部门在审批、收益和职责分工方面意见分歧较大，各部门在自然保护区的保护投入和利用收益方面存在明显的利益冲突。在很大程度上影响了自然保护区立法的顺利进行。如何在立法中达到各个部门利益均衡，实现部门责任与利益并举，实现在保护中利用，在利用中保护的共赢目的，是自然区保护立法中的关键性问题。

博弈论描述不同的利益主体在既定的制度环境中如何作出行为决策，这些行为进而导致了什么样的结果，从而针对这些行为决策，对现有制度进行优化处理，形成科学的立法机制。博弈论的引入，将会使得作为制度设计的法律规则设计成为一种科学求解的过程。另外，在自然保护区立法实践中引入博弈的机制，通过多元利益主体的有效协商，有利于整合各种利益关系，促进科学、民主、公正的自然保护区立法。利用博弈论分析立法部门利益问题，对于丰富环境立法理论，认识自然保护区立法实践中部门利益关系问题，指导自然保护区科学民主立法具有重要意义。

8.3.3　自然保护区立法的演化博弈模型

在自然保护区立法中，环境保护部、国土资源部、农业部、住房与城乡建设部、国家林业局、国家海洋局等部门，既要履行保护自然资源的责任，又享有利用自然资源的权力，即保护和利用。各主体尽可能使自己拥有自然资源利用的权力最大化，提高本部门的自然资源收益；对于自然资源保护的责任，则出现互相推诿的现象。自然保护区为人类社会可能提供的服务是建立在对其保护的基础之上的，部门在立法中是否拥有多部门合作保护的思想，对自然保护区立法至关重要。在立法过程中，多个利益部门进行策略博弈，策略集合均为（合作，不合作），通过"物竞天择，适者生存"的原则自发演化形成，各部门根据其他部门的策略选择，考虑在自身群体中的相对适应性，来选择和调整各自的策略。

自然保护区立法的部门利益平衡形成过程是在一个具有不确定性和有限理性的空间中进行，同时他们之间的策略又是相互影响的。部门合作博弈的支付矩阵结构与捕鹿博弈模型相似。捕鹿博弈是基于 Rousseau 的捕鹿故事提出的，是一个介于"囚徒困境"和协调博弈之间的博弈（Friedman，1991）。其主要含义是当猎手们捕鹿时都能单打独斗捕到鹿，但是他们一起合作捕鹿时可能会捕到更多的鹿。现设立法中有部门 k（$k=i$，j；$i=1$，2，$\cdots$，n；$j=1$，2，$\cdots$，n；$n \geq 2$），根据捕鹿博弈的思想，设在某一时间段内部门 i 和部门 j 分别为自然保护区的责任人和权力人，则两类部门 $Agent_i$ 和 $Agent_j$ 在该时间段内的自然保护区保护中收益函数博弈的支付矩阵见表 8-1。

表 8-1　博弈双方的支付矩阵

项目		$Agent_j$	
		合作	不合作
$Agent_i$	合作	$\pi_i + \Delta S_i$，$\pi_j + \Delta S_j$	$\pi_i - l_i a_i$，π_j
	不合作	π_i，$\pi_j - l_j a_j$	π_i，π_j

在支付矩阵中，π_k 分别表示部门 N 采取不合作时获得的正常收益，$\pi_k = \delta_k^{t-1} \Delta S_k$，$\delta_k$ 表示部门的贴现因子，且 $0 \leq \delta_k < 1$；ΔS_i，ΔS_j 分别为博弈双方选择合作策略时得到的超额利润：

$$\Delta S_k = r_i a_j - l_i a_i \tag{8.1}$$

$$\Delta S_j = r_j a_i - l_j a_j \tag{8.2}$$

$$\Delta S = \Delta S_i + \Delta S_j \tag{8.3}$$

式（8.1）和式（8.2）中 a_k 表示部门 k 可提供的自然资源服务能力，r_k 为收益系数，表示部门 k 对自然资源的利用率，$r_i a_j$ 和 $r_j a_i$ 分别为博弈双方选择合作策略时得到的超额收益；l_k 为风险系数，表示立法对部门 k 采取合作策略时带来的风险水平，$l_k a_k$ 为部门 k 采取合作策略时所付出的初始成本。式（8.3）中 ΔS 表示超额利润总和，并假设各个部门都采取合作策略时所获得的超额收益大于其初始成本，即 ΔS_i，ΔS_j，$\Delta S > 0$。

假设 Agent$_i$ 选择合作策略的比例为 x，则选择不合作策略的比例为 $1-x$；假设 Agent$_j$ 选择合作策略的比例为 y，则选择不合作策略的比例为 $1-y$。

Agent$_i$ 选择合作策略时的收益为：

$$u_i^s = y(\pi_i + \Delta S_i) + (1 - y)(\pi_i - l_i a_i) \tag{8.4}$$

Agent$_i$ 选择不合作策略时的收益为：

$$u_i^n = y\pi_i + (1 - y)\pi_i \tag{8.5}$$

则 Agent$_i$ 的平均收益为：

$$\overline{u_i} = x u_i^s + (1 - x)u_i^n = (1 - x)(r_i a_j y - l_i a_i) \tag{8.6}$$

同理可得 Agent$_j$ 的平均收益为：

$$\overline{u_j} = (1 - x)(r_j a_i x - l_j a_j) \tag{8.7}$$

构造两类部门的复制动态方程：

$$dx/dt = x(1 - x)(r_i a_j y - l_i a_i) \tag{8.8}$$

$$dy/dt = y(1 - y)(r_j a_i y - l_j a_j) \tag{8.9}$$

微分方程式（8.8）和式（8.9）描述了这个演化系统的群体动态。方程式（8.8）表明，仅当 $x = 0$，1 或 $y = l_i a_i / r_i a_j$ 时，Agent$_i$ 类群体中使用共享策略的 Agent$_i$ 所占的比例是稳定的。同样，方程式（8.9）表明，仅当 $y = 0$，1 或 $x = l_j a_j / r_j a_i$ 时，Agent$_j$ 类群体中使用共享策略的 Agent$_j$ 所占的比例是稳定的（Weibull，1997）。

根据 Firedman（1991）提出的方法，演化系统均衡点的稳定性可由该系统的雅可比矩阵的局部稳定性分析得到。方程式（8.8）、式（8.9）组成的系统雅可比矩阵为：

$$J \begin{bmatrix} (1-2x)(r_i a_j y - l_i a_i) & x(1-x)r_i a_j \\ y(1-y)r_j a_i & (1-2y)(r_j a_i x - l_j a_j) \end{bmatrix}$$

由上述对方程的稳定点的分析可知，该系统在平面 $s = \{(x, y); x \geqslant 0, y \leqslant 1\}$ 的局部均衡点有 5 个，即 $O(0, 0)$、$A(1, 0)$、$B(0, 1)$、$C(1, 1)$ 和 $D(x_D, y_D)$，其中：$X_D = l_j a_j / r_j a_j$；$X_D = l_i a_i / r_i a_j$。

在该局部均衡点中，仅有 O 点和 C 点是稳定的，是演化稳定策略（ESS），它们分别对应于所有部门都采取合作策略和都采用不合作策略这两种方式。另外，该演化系统还有两个不稳定的均衡点（A 点和 B 点），及一个鞍点（D 点）。

图 8-7 描述了自然保护区立法中两部门 Agent_i 和 Agent_j 博弈的动态过程。由两个不稳定的均衡点 A 和 B 及鞍点 D 连成的折线为系统收敛于不同状态的临界线，即在折线的右上方（$ADBC$ 部分）系统将收敛于所有部门合作的模式，在折线的左下方（$ADBO$ 部分）系统收敛于所有部门不合作的模式。鉴于系统的演化是一个的过程，可能在一段时间内系统保持一种部门合作与不合作共存的局面。

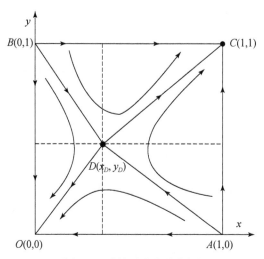

图 8-7 系统动态演化相图

8.3.4 自然保护区立法的演化博弈分析

从以上演化博弈模型可知：系统演化的长期均衡结果可能是完全合作，也可能是完全不合作，究竟沿着哪条路径到达哪一个状态与该博弈的支付矩阵密切相关。在国家立法机关引导机制作用下，系统将收敛于哪一个均衡点受到博弈发生的初始状态影响。因此，在博弈的过程中，构成博弈双方收益函数的某些参数的初始值及其变化将导致演化系统向不同的均衡点收敛。下面对影响系统演化行为的几个参数变化及控制方法进行讨论。

（1）部门合作产生的超额利润 ΔS。从相图上可知，当部门的收益系数 r_k 越大，合作产生的超额利润越大时，折线上方的 $ADBC$ 部分的面积就越大，系统收敛于均衡点 C 的概率增加，将会有越来越多的部门选择合作策略。

（2）风险系数 l_k 与初始成本 $l_k a_k$。风险系数主要由各部门对自然资源的保护重要性认识程度所决定，如果立法过程中，各个部门的责任心较强，相互合作的意愿强烈，部门能够快速地找到保护和有效利用自然资源的途径，说明部门合作的风险系数 l_k 较低，则每个部门采取合作策略所付出的初始成本 $l_k a_k$ 较低。从相图可知，当合作时所付出的初始成本 $l_k a_k$ 越小，折线上方的 $ADBC$ 部分面积越大，演化系统收敛于 C 点的概率也越大，立法中的部门越趋向于选择合作策略。

（3）自然资源服务能力 a_k。部门拥有的自然资源服务收益与部门拥有的自然资源量相关，部门拥有的自然资源越多，其拥有的资源服务能力也就越高。假设各个部门的资源收益差异比较大，即 $a_i / a_j \gg 1$，令 $h = a_i / a_j$，从相图可知，四边形 $ACBD$ 的面积 $S = 1 - \dfrac{1}{2}\left(\dfrac{l_i}{r_i} h + \dfrac{l_j}{r_j h} \right)$，则 $\dfrac{\mathrm{d}s}{\mathrm{d}h} = -\dfrac{1}{2}\left(\dfrac{l_i}{r_i} + \dfrac{l_2}{r_2 h_2} \right)$，因为 $h \gg 1$，当 m 充分大时，$\dfrac{\mathrm{d}s}{\mathrm{d}h} < 0$，由此可知，当立法中部门的资源服务能力差异越大时，四边形 $ACBD$ 的面积就越小，系统收敛于 C 点的概率就越小，即立法中部门采取合作策略的可能性就越小；而当部门资源服务能力的差距越小时，四边形 $ACBD$ 的面积就越大，系统收敛于 C 点的概率就越大，即立法中各部门最终采取合作策略的可能性就越大。

（4）部门贴现因子 δ_k。贴现因子可理解为部门对未来合作产生的超额利润的依赖程度。当贴现因子越大，说明未来收益对博弈双方带来的效用越大，而当贴现因子减小时，说明双方更看中眼前的利益。而且，当 $\delta_i \neq \delta_j$ 时，意味着双方对合作产生的超额利润的依赖或重视程度不同。从相图可得到，当 $l_k a_k$、ΔS 一定时，δ_k 的值越大，双方越看中未来的合作收益，折线上方的面积越大，系统收敛于 C 点的概率就越大，反之部门重视眼前的利益而采取机会主义行为，将不利于立法朝部门合作的方向发展。

8.3.5 自然保护区立法博弈分析结论与建议

自然保护区立法中各相关部门合作是保证立法工作顺利进行的关键，创新性将演化博弈理论应用到环境立法中部门合作机制研究中。研究结果表明，自然保护区立法中各个部门的利益均衡形成是一个动态的、逐步演化的过程，各部门策略的演化方向与博弈双方的支付矩阵相关，并受到系统初始状态的影响。同时，合作产生的超额利润、合作所投入的初始成本、自然资源服务能力以及其贴现因子是影响各部门合作关系演变的重要因素。国家立法机关应正确引导各个利益主体部门趋于合作，遵从部门合作收益的极大化原则，建立良好的立法环境以及坚持长远的观点，自然保护区才能建立科学合理的法律制度，各部门才能达到真正"共建共享"的目的。

根据模型分析，对于解决自然保护区立法中各部门的利益冲突问题，得到以下工作建议：①国家立法机关需要通过一定的激励机制和引导措施，促进部门之间的合作，以实现自然资源服务的超额利润最大化，从而保证立法中部门之间合作关系的建立和维护；②通过舆论引导或者政策约束，提高各部门在立法中的责任心，加强各个部门之间的信息沟通，促使各个部门能够消除合作可能带来的风险戒心，为尽快形成合作创造条件；③立法中应充分考虑各个部门的自然保护区利用可能带来的收益，注意平衡各个部门拥有的利用自然保护区的权力，保证各部门利用自然资源服务功能获得的收益之间的差异最小；④在立法中除了加大自然资源保护外，还应重视自然保护区服务可能带来的长远利益，坚持共同保护，大家受益的原则。注重长远利益，通过提高部门贴现因子，提高部门在立法中合作的积极性。

8.4 保障生态安全的环境资源立法完善的对策与建议

保障生态安全的法律体系主要基于环境资源相关法律，我国环境资源立法面临着新形势、新问题和新挑战，环境资源立法应将生态环境、资源、社会经济发展紧密结合起来，在总体上对生态安全维护的方针、体制、制度等作出统一规范，解决各单项自然资源法和环保法无法解决的有关生态环境和资源系统保护的全局性问题。

8.4.1 中国环境资源立法的战略思考

1. 坚持中国特色的环境资源立法

环境资源立法是中国特色社会主义法律体系的有机组成部分，坚持中国特色是我国环境资源立法的根本。法律体系是指一个国家的全部法律规范按照一定的原则和要求，根据不同法律规范的调整对象和调整方法的不同，划分为若干法律门类，并由这些法律门类及其所包括的不同法律规范形成有机联系的统一整体。

中国的法律体系是中国特色社会主义法律体系，它包括法律规范和法律制度，必然要求以体现人民共同意志、保障人民当家做主、维护人民根本利益为本质特征，这是社会主义法律体系与资本主义法律体系的本质区别。在中国特色社会主义法律体系建设中，首先必须始终坚持正确的政治方向，最根本的是要把坚持党的领导、人民当家做主和依法治国有机统一起来，体现它的中国特色社会主义性质。

作为中国特色社会主义法律体系的有机组成部分，中国环境资源立法也必须走中国特色之路，在立法工作中必须坚持以下原则：坚持正确的政治方向，坚持党的领导、人民当家做主、依法治国有机统一，服从、服务于党和国家工作大局，从法律上保证党和国家环境发展战略部署和重大决策的贯彻执行，保证生态文明建设和两型社会建设的贯彻实施；坚持以人为本，以改善民生、改善人居环境、保障人民生产生活环境安全为目的，加强重点环境资源问题立法，切实解决人民群众最关心、最直接、最现实的环境资源问题，从法律制度上保障各种环境资源问题有法可依；坚持人与自然和谐相处，建立健全可持续发展体制机制，促进形成节约能源资源和保护生态环境的产业结构、增长方式、消费模式，建设生态文明，实现经济社会永续发展；坚持法律制度协调统一。

2. 立足中国面临的环境资源问题

中国的环境资源法律要解决的是中国的环境问题，因此必须从中国国情出发，要把我国改革开放和社会主义现代化建设的伟大实践，作为立法基础；要紧紧围绕全面建设小康社会的奋斗目标，紧紧围绕发展这个第一要务。我国当前经济社会发展呈现出新的阶段性特征，经济实力显著增强，同时生产力水平总体上还不高，长期形成的结构性矛盾和粗放型发展方式尚未根本改变，城乡、区域差距不断扩大。

在环境资源立法中，必须深刻认识到我国仍处于社会主义初级阶段，要符合国情，要坚持全国"一盘棋"的基本思想，要与各地区的经济发展水平、市场经济发育程度、技术水平和能力的实际差异相结合。环境资源基本法律的制定要具有指导地方环境资源立法的可操作性，增强立法的现实性、针对性、有效性。

当前，我国提出建设资源节约型、环境友好型社会的要求，围绕节约资源和减少污染物排放，加强威胁人民身体健康、社会经济发展等关键性问题的立法研究，开展重点领域环境资源立法。通过立法后评估，发现法律制度中的突出问题，做好相关法律制度修订工作，使法律制度更加符合我国的客观实际情况，推动实施效果更加明显。认真研究目前经济危机和经济复苏可能带来的环境安全问题，认真分析环境资源问题面临的机遇和挑战，从立法上采取防范措施，主动应对。

同时，环境资源立法要研究借鉴人类文明的有益成果，力求古为今用、洋为中用。对国外先进的立法经验尤其是立法技术，我们应该积极借鉴和学习。但是，中国的环境资源立法是在中国的土壤中孕育、成长起来的，必须符合中国的国情和环境资源实际，对于外国的立法经验，我们不能照搬照抄，不能简单化地按照外国的法律体系来套（薛惠锋等，2009）。

3. 环境资源立法必须与人类社会文明建设协调一致、统一发展

文明尤其是现代物质文明的高度发达，使环境问题的存在成为客观事实，当这种客观事实严重危及人类社会生存和发展时，作为人类社会制度的延续，作为人类文化的延续，环境资源立法的产生成为必然。

由于环境问题认识的主观建构性，环境资源立法的文化背景更加重要。从指导思想来看，中国环境保护实现了从朴素环境保护思想，到科学保护思想、科学发展观和生态整体观的转变；从立法价值目的来看，实现了维护统治阶级利益、重视经济效益，到强调生态整体效益的转变。

人类社会是经济、政治、文化和生态四大形态的有机统一体。生态文明理念下的物质文明，将致力于消除经济活动对大自然自身稳定与和谐构成的威胁，逐步形成与生态相协调的生产、生活与消费方式；生态文明下的精神文明，更提倡尊重自然、认知自然价值，建立人自身全面发展的文化与氛围，从而转移人们对物欲的过分强调与关注；生态文明下的政治文明，尊重利益和需求多元化，注重平衡各种关系，避免由于资源分配不公、人或人群的斗争以及权力的滥用而造成对生态的破坏。

环境资源立法是对生态文明建设中的环境保护和资源利用规则、制度的法制化，环境资源立法的发展，正是在物质文明、精神文明、政治文明和生态文明的进步和发展中逐步发展壮大起来的。

4. 环境资源立法应该在经济发展中与时俱进，逐步得以完善

经济基础决定上层建筑，法律制度属于上层建筑，归根到底，法律是能动地反映经济基础并为其服务的。环境问题是在经济发展中出现，环境资源立法是为解决环境资源问题而建立的，因此，环境资源立法也只能在经济发展中逐步得以发展和完善，环境资源立法不能急于求成，应循序渐进，注重实效。

人类活动没有止境，法律体系也要与时俱进、不断创新，它必然是动态的、开放的、发展的，而不是静止的、封闭的、固定的。同一社会关系和同一社会主体，因不同法律调整时，立法目的和调整方式等的不同，加之立法中的技术性因素，难免使法律与法律、法律与法规、行政法规与地方性法规之间产生矛盾与冲突。因此，环境资源立法中的矛盾与冲突是难免的。

但法制的本质特征要求内在统一，消除这种矛盾和冲突，是环境资源立法工作的主要任务，而且环境资源立法是一项复杂的系统工程，法律、法规的完善不可能一蹴而就，是一个循序渐进的过程。在环境资源立法中，既要注重立法数量又要注重立法质量。坚持新法制定、旧法修改、法律清理三项工作并重，对现有环境资源立法进行全面系统的调整，使环境资源法律、法规逐步系统化、协调化和科学化。

5. 中国环境资源立法应在全球的视野下，推动全球环境保护的发展

从国际环境保护方面看，中国是一支积极力量。中国积极参与并促成了国际上许多重大活动的成功，如 1992 年的里约热内卢联合国环境与发展会议、2002年的约翰内斯堡可持续发展高峰会议、1997 年的《京都议定书》以及许多协定、条约等。在双边环境保护合作方面，中国也签署了多个双边、多边合作协定。

中国在国际环境保护上是一个负责任的大国，也是一个最富有合作精神的国家。中国承担环境责任将更多地考虑中国发展阶段的现实，有区分地承担责任，面对严峻的国际资源环境形势，中国将"天人合一"理念融入现代环境资源保护工作中，走新型的生态文明发展道路，并积极推动世界环境保护事业的发展。

8.4.2 中国环境资源立法工作的对策与建议

1. 推进科学民主立法，提高环境资源立法质量

实行科学立法、民主立法，是完善中国特色社会主义法律体系，加快建设社会主义法治国家的必然要求，体现了科学与价值的统一。在市场经济条件下的环境资源立法，必须遵循自然生态的规律，坚持以科学的理论为指导，深入贯彻落实科学发展观，运用科学的观点和方法研究自然现象、社会现象和法律现象，使环境资源立法遵循自然规律、社会规律、经济规律，真正反映事物发展变化的客观规律。

实行民主立法，要求法律制度真正反映最广大人民的意愿、切实维护最广大

人民的根本利益，同时立法工作要面向人民、为了人民。在环境资源立法中要扩大公民对立法的有序参与，要广泛征求民众意见，及时发现民众所关心的问题。通过座谈会、研讨会、论证会、听证会等多种方式，集思广益、形成社会共识，提高立法质量，保障国民经济发展和社会进步中的环境安全和资源安全。

2. 规范环境立法程序，创新环境立法工作机制

立法工作政治性、政策性很强，专业性、技术性也很强。为保证环境立法工作质量，需要坚持深入开展立法调研和科学论证，规范的立法程序和技术，不断完善环境资源立法机制，集中各方面智慧，凝聚各方面共识，调动各方面积极性。

首先，科学决策法律草案起草工作主体。由于环境资源立法调整对象关系复杂，法律制定和修改中涉及多个部门。尤其对一些综合性的法律如环境保护法，在起草过程中存在多个部门的利益博弈关系。对于此类综合性法律需要人大通过科学论证，由人大专门委员会或委托其他研究机构起草。其次，完善起草工作机制。法律草案起草部门要通过多种形式组织有关方面共同参与，认真听取并研究各方面的意见和建议，集思广益，做好沟通协调工作。处理好各有关部门之间的职责划分，涉及多个部门职权的，要进行充分协商，力求达成一致，防止"部门利益法制化"，维护立法的严肃性。再次，完善审议工作机制。全国人大环境与资源保护委员会要加强与相关部门的联系，认真履行审议法律案职责，充分发挥专门委员会、人大代表在立法中的积极作用，妥善处理统一审议和发挥各方面积极性的关系，切实提高立法质量，确保法律体现党的主张，维护广大人民的环境权益。最后，在法律草案公布的同时，要以多种形式介绍草案的起草背景，使社会各方面对草案增进了解和认识，引导公众参与讨论提出意见。通过多种新闻媒体，开辟法律草案讨论，征求意见专栏，为公众发表意见创造条件，全面、及时、准确收集各方面提出的意见和建议，逐条认真研究，确保立法公正性。

3. 建立健全后评估制度，加快环境资源法律清理

以完善法律、推动法律有效实施为目的，对现行法律开展立法后评估，是确保立法程序完整性的主要环节。环境资源立法过程中，要善于通过法律实施的立法效果评估发现问题、完善立法。作为对环境资源立法后评估工作的探索，全国人民代表大会环境与资源保护委员会针对人民群众关心的重点问题，对水环境保护相关法律开展了后评估工作。通过后评估，基本理清了水环境保护法律存在的主要问题，有效推进了水环境保护立法的开展，为环境资源立法后评估积累了宝

贵的经验，起到重要的示范作用。

通过相关法律后评估，对环境资源法律中的问题进行整理，采取分类处理的原则，在充分调查研究和论证的基础上，提出法律清理建议，确定废止、修改的立法规划，并逐步实施。在环境资源法律清理具体工作中，应把握好以下几点：

（1）抓住主要问题，重点解决环境资源突出问题。在法律清理中，应把重点放在现行法律特别是早期制定的法律中存在的明显不适应、不协调的突出问题上，解决环境资源法律中的主要矛盾和突出问题。要坚持从实际出发，全面系统的调查研究现有法律制度，有多少问题发现多少问题，对查出的问题，根据不同情况，区分轻重缓急，有针对性、有重点地逐步加以解决和完善。如针对环境保护法存在的突出问题，应全面征求各部门意见，统筹兼顾，加快对环境保护法修改的研究论证工作。

（2）循序渐进、有步骤有计划地进行。人类活动没有止境，法律体系也要与时俱进、不断创新，它必然是动态的、开放的、发展的而不是静止的、封闭的、固定的。同一社会关系和同一社会主体，因不同法律调整时，由于立法目的和调整方式等的不同，加之立法中的技术性因素，难免使法律与法律，法律与法规，行政法规与地方性法规之间产生矛盾与冲突，但法制的本质特征和要求是统一。环境资源立法中的矛盾与冲突是难免的，同时，消除这种矛盾和冲突，是环境资源立法工作的主要任务。而且环境资源立法是一项复杂的系统工程，法律法规的完善不可能一蹴而就，是一个循序渐进的过程。通过广泛征求意见，反复研究论证，对应该解决并能够达成共识的问题，及时予以解决；对不能达成共识的，或者有关规定虽已不适应经济社会发展需要，但目前修改或者废止的时机、条件尚不成熟的，继续进行研究论证。

（3）实事求是，分类处理。对明显不适应发展社会主义市场经济，但是又是不可缺少的法律，如不修改将难以发挥法律作用的要进行修改；对原有的规定已被新法的规定所代替，或者由于调整对象、法律所设定的情况发生变化实际已不再适用，或者与实际情况明显不适应的，提出予以废止的建议；对法律之间一些前后规定不一致、不衔接的问题，适用立法法规定的后法优于前法、特别规定优于一般规定等法律适用规则仍难以解决适用问题的现行规定要进行修改；对征求意见中属于大量需要深化改革或者完善制度解决的问题，在修改法律时一并研究。

4. 加强配套法规制定，完善环境资源法律制度

环境资源法律配套法规是指为保证环境资源法律实施，法律条文明确规定，需要由国务院等有关部门制定（包括修改、废止）的法规、规章以及其他规范

性文件等。制定法律配套法规，一般应当在法律实施前完成，并与法律同步实施；需要为改革发展留有空间、在执行中逐步到位或者要择机出台、应急出台的法律配套法规，有关制定机关可以根据实际情况适时制定实施。

在立法规划、立法工作计划编制阶段，有关部门在提出立法项目时，应当同时就该项目是否需要制定法律配套法规进行研究并提出初步意见。在法律草案起草过程中，经研究论证需要制定法律配套法规的，起草单位应当同时开展有关法律配套法规的研究和起草工作；需要由本部门与其他部门共同制定法律配套法规的，起草单位应当与有关部门共同开展相关配套法规的起草工作；需要由其他部门制定配套法规的，起草单位应当与相关部门做好沟通协调，及时开展法律配套法规的起草工作。法律通过后，全国人大常委会应当列出需要制定的法律配套法规目录，向有关机关发出关于落实有关法律配套法规的函。环境与资源保护委员会应当沟通协调、密切配合，跟踪、掌握法律配套法规的制定进展情况，并结合执法检查和开展有关监督工作，做好法律配套法规制定的督促工作。

5. 注重地方环境立法，确保法律法规有效执行

地方环境立法是我国立法体制的重要组成部分。从广义上讲，地方环境立法是指依照宪法和法律享有立法权的地方权力机关和地方行政机关，包括省、自治区、直辖市、省级政府所在地的市、国务院批准的较大的市的人民代表大会及其常务委员会、人民政府根据本地区政治、经济发展的目标并结合本地生态环境与自然资源的具体情况，依照法定权限和程序，制定、修改或废止各种地方性环境法规、规章的活动。通过中央和各级地方立法机关的努力，我国地方环境立法取得了显著的成绩，形成自己的特色，并以其极大的数量、极强的操作性和极广的覆盖面在我国的环境立法中占据了举足轻重的地位。

地方环境立法，重在有地方特色，应能够充分反映本地区的具体情况和实际需要，并针对本地实际，集中解决问题比较突出，而国家环境立法尚未规定或者不宜规定的事项。同时又要避免照搬照抄上位法的规定，对上位法中规定不明确或者规定有矛盾的环节，在地方环境立法中加以明确和调整。

6. 重视立法决策技术，提高环境立法工作效率

中国在环境资源立法中取得了大量的实践经验，但是中国目前对立法决策技术研究相对较少，尤其面临"立法信息爆炸"的时代，立法决策者如何根据海量的信息进行快速决策，如何完善立法决策机制和规则，健全科学立法程序和技术规范，这些问题的解决都需要对立法技术进行全面系统的研究。

立法技术是指在法的制定过程中所形成的一切知识、经验、规则、方法和技

巧等的总和。如何表达规范性法律文件的内容的知识、经验、规则、方法和技巧等，包括法律文件的内部结构、外部形式、概念、术语、语言、文体以及立法预测、立法规划等方面的技术。中国立法环境复杂性和系统自身复杂性增大，现有立法技术在对世界各国法律的吸收和消化，与包括 WTO 在内的各种国际组织的规则衔接，以及对迅速变化的中国环境资源的立法对策等方面，往往显得力不从心。因此，未来环境资源立法工作中，应该注重利用现代信息技术的手段方法来实现立法系统决策，加快对立法决策支持的研究和应用。

利用综合集成立法决策支持系统，为中国环境资源立法的科学化和民主化提供科学手段，增强环境资源立法的复杂适应性，提供一个高科技、高民主和高智源的综合集成的技术和知识支持。综合集成环境资源立法决策支持系统的智能整体优势和综合集成优势，就在于把复杂的法律法学问题和环境资源问题综合起来，获得对立法、环境资源等相关问题的整体认识，从整体上提高环境资源立法系统的知识水平，增强立法系统的决策能力。

7. 参与国际环境立法，推动全球法律制度协调

一地的环保不是真环保，一时的发展也不是真发展，一国的生态文明不是真正的生态文明，全球的生态文明才是人类所共同追求的文明。加强国与国之间相互协作，并认真履行环境保护方面的国际义务，实现全球范围的环境保护，真正实现全球的环境法律新秩序。国际环境法力图突破各国在政治和经济利益上的巨大差距对全球环境保护造成的障碍，推动各国保护全球环境的共同政治意愿的发展。

中国环境法必须在某些方面与国际环境法达成协调一致。中国环境法与国际环境法的逐渐协调、融合是全球环境保护事业发展的需要。当前人类环境问题有以下几个主要特点：第一，全方位；第二，全因子；第三，整体与局部问题交叉和相互促进；第四，既有突出的当前症状，又有潜在的滞后效应；第五，以人为影响为主；第六，当前人类对环境问题的认识还很肤浅，不全面。这些问题显然在一个或几个国家的区域内是无法解决的，需要整个国际社会的合作。因此，国际环境法力图突破各国在政治和经济利益上的巨大差距对全球环境保护造成的障碍，推动各国保护全球环境的共同政治意愿的发展。在这种背景下，中国环境法必须在某些方面与国际环境法达成一致。

8.5 本章小结

在对区域生态系统安全法律保障系统认识和分析的基础上，揭示我国当前生

态安全法律保障主要依赖于环境资源立法。因此,对我国环境资源立法发展历程和现状进行分析,指出目前存在的主要问题;并对环境资源立法系统工程与研究方法进行探讨,提出环境资源立法系统研究思路和方法,重点对立法决策技术和方法进行研究,提出立法决策过程、立法决策方法和立法决策支持系统模型;环境资源立法决策分析中引入演化博弈论,对自然区保护立法中部门利益关系进行演化博弈分析;最后提出保障生态安全的环境资源立法完善的对策和建议。

第9章 区域生态安全预警研究展望

随着区域生态安全问题表现出来的多样性、复杂性，实现区域生态安全预警管理，已经成为一项跨领域、跨学科、跨部门、跨区域的复杂系统工程。未来，区域生态安全研究需要与社会心理学、社会计算、大数据、复杂网络、群智感知等相关学科和技术紧密结合，深入开展多学科交叉融合研究，为区域生态安全管理提供新的研究思路和方法。

基于当前区域生态安全管理工作的实际情况和新技术的出现，限于不同研究视角和涉及的知识领域，对于区域生态安全预警未来研究需要关注的热点和方向，笔者认为：①在进入智能时代的当下，积极探索大数据思维方式下的生态系统安全预警研究新思路；②注重学科交叉，如发挥生态心理学在生态安全研究中的作用，从心理学角度揭示生态安全的本质和管理机制；③从技术角度，将大数据、云计算、人工智能等新技术应用到生态安全预警中，开展基于社会计算、大数据、移动互联网、传感器网络的生态安全感知和预警研究，为生态安全预警提供新的技术方法；④从具体应用角度，应该加强对国家重点生态功能区、国家生态安全屏障、"一带一路"等重点区域的生态安全预警实证研究，为国家重点区域生态安全管理提供理论决策支持和管理办法。

9.1 大数据思维下的生态安全预警研究

随着互联网的宽带化和移动互联网及物联网技术的应用，源源不断产生大量数据，摩尔定理所支撑的计算能力以十年千倍的速度提升，云计算的集约化运用模式降低了信息化的成本，伴随着机器智能的发展，大数据应运而生。大数据作为一种新的解决问题的思维方式，以前所未有的影响力使各个行业发展模式发生着翻天覆地的革新。

生态安全预警的研究对象区域复合生态系统是一个由多个子系统组成的开放复杂巨系统，随着人们对赖以生存的复合系统（包括自身在内）运行规律的不断认识，这个原认为由多个子系统构成的复合系统逐步相互深度融合，变为一个足够复杂、足够庞大的大系统，因此，从系统整体性的角度看，区域复合系统可以定义为包括人类社会在内的"大生态系统"。

在大生态系统的视角下,我们面对的是更加复杂的人与自然的相互作用关系,多维度和多变量导致更大的不确定性,已经不能用解析式来说明因果关系,但是可以从足够多的数据中发现相关性,寻找系统运行规律。这正是大数据思维在生态安全研究中的应用。

2016年3月,国家环保部印发了《生态环境大数据建设总体方案》,方案中指出,要充分运用大数据、云计算机技术等现代信息技术手段,全面提高生态环境保护综合决策、监管治理和公共服务水平,加快转变环境管理方式和工作方式。提出在未来5年实现"用数据决策""用数据管理""用数据服务"的目标,这为生态环境保护工作提出新要求和新思路。未来生态安全预警研究中,可以按照《生态环境大数据建设总体方案》提出实际需求目标,加强对生态环境质量、生态环境舆情等大数据预测和预警分析研究。

9.2 心理学视角的生态安全研究

生态环境安全问题不仅是生态环境本身的问题,也与人的认知、情感、行为和价值观等存在内在的关系(朱建军,2009)。心理学家从心理学视角审视生态环境问题,寻找解决环境危机深层的心理根源,关注与生态危机相关的人类价值观与行为的改变(吴建平,2009)。1992年西奥多·罗扎卡(Theodore Roszak)在自己的著作《地球的呐喊:生态心理学的探索》(Roszak,2001)一书中首次提出生态心理学的概念(ecopsychology)。

生态心理学提出后,人们认识到星球的需要和人类的需要是连续体,地球的哭泣是我们自己的哭泣,这与深生态学理论的观点一致。1995年罗扎卡出版了《生态心理学:恢复地球,愈合心理》,在该著作中认为,治疗地球与医治人的心灵是同一个过程。从环境和心理的互动关系出发,寻找环境行为背后深层的心理根源,寻找解决生态危机的心理学途径。认为心理是宇宙大生态系统的一部分,心理的失衡会影响整个生态系统的失衡,整个系统的失衡又会影响心理健康。罗扎卡也提出生态自我(ecological)和生态潜意识(ecological unconscious)的概念(刘婷和陈红兵,2002),认为解决生态危机的办法就是"解除对生态潜意识的抑制,建立生态自我"。另外,生态心理学家认为自然对人类的心理具有治疗作用,提出生态疗法,利用自然环境去医治人的心理问题,以大自然作为一种治疗介质帮助人们重新适应社会。生态疗法通过建立与大自然的连接,让人们接触大自然,与自然沟通,体验生活的意义,带来积极的情绪和幸福的感觉。

生态心理学家认为,生态环境问题源于人与自然的疏离感。人类对自然的破坏，使人类感受到与自然的分离。人与自然的分离导致人类对自然的无情掠夺。人类在破坏自然的同时，似乎忘记了自己本身是大自然系统的一部分。生态危机不仅是人类的生存危机，而且也是人类的心灵危机。生态心理学家将自我的治疗与地球的治疗联系起来，恢复人与自然的联系，寻找生命本身的意义，让人类的心灵回归自然，寻找与自然亲近的体验，在自然中找到回家的感觉，保护家园成为人类的自觉行为，这正是人类本性的自然体现（朱建军，2009）。

"解除对生态潜意识的抑制，建立生态自我"对认识生态安全和实现生态安全预警从认知层面提供了科学解释。生态自我是人对自然的态度，是自我对自然的认同，是自我向自然的延伸，是自我与自然的融合。生态自我在情感上表现为与其他生命形式的共鸣；在认知上表现为对其他生命形式的认同；在行为上表现为主动自发的生态保护行为。生态自我是建立在一定价值观基础上，建立起生态自我观念的人会表现为对自然的友好行为，会做出相应的生态实践活动（吴建平，2011）。

因此，从心理学的角度，深入研究如何释放被压抑的生态潜意识，指导人们建立生态自我，发挥心理对人类生态环境行为的内在调节机制，形成有利于生态安全的自觉亲环境行为，对于区域生态安全预警理论研究和实际预警管理工作具有重要理论意义和实践价值，尤其为政府开展公众生态安全意识宣传等工作提供决策理论。未来应该加强社会心理学、生态学与生态安全管理学科交叉融合研究。

9.3 基于社会感知计算的生态安全预警研究

生态环境感知是人对所在的生态环境的知觉和认识，个体周围的环境在其头脑中形成的印象。生态环境感知的结果不但与所处生态环境质量有关，还与人的生态敏感度和生态服务期望值有关，它受思想意识的支配。从大生态系统的角度看，人作为生态系统中的重要组成部分，是系统的核心，人是主动的，是环境变化的作用者，是系统安全状态的主要感受者和调控者。尽管人对生态环境感知受原文化背景和情绪干扰等因素的影响，但是这种包括情绪在内的生态环境感知结果本身是客观的，我们尊重人的情绪在生态环境感知中的作用，而且，这一感知结果不但反映了生态环境质量本身，还反映了不同人群对生态环境诉求的差异。环境感知论认为，人与自然环境关系中的各种可能性进行选择时不是任意的、随机的和毫无规律的，而是有一定的客观规律可循。因此，从系统的受体角度，研究人对生态环境安全的感受，从人的需求和满意度进行分析，对于研究如何保障生态安全措施和提高生态系统服务质量，是从另外一个角度对人地关系的认识，这正是人文地理生态观念，地理学的目的不在于考察环境本身的特征和客观存在的自然现象，而在于研究人类对自然环境的反应。

对于如何评估人对生态环境的感知，心理物理学作为研究心物关系并使之数量化的一门学科，为生态环境感知提供了思路。德国物理学家 Fechner 于 1889 年发表《心理物理学纲要》一书，创立了心理物理学，把心理物理学定义为一门研究心身或心物之间的函数关系的精密科学。它所要解决的问题是：多强的刺激才能引起感觉，即绝对感觉阈限的测量；物理刺激有多大变化才能被觉察到，即差别感觉阈限的测量；感觉怎样随物理刺激的大小而变化，即阈上感觉的测量，或者说心理量表的制作，是对物理刺激和它引起的感觉进行数量化研究的心理学领域。20 世纪 70 年代，丹尼尔（Daniel and Vining，1983）等开始采用心理物理学的方法进行景观评价的系列研究，探求景观的物理特性与心理反应（如风景的感觉）的相关关系。将景观评价中的景观扩大为生态环境，风景审美就是公众对生态环境的感知，就可以用心理物理学方法对公众生态环境公众感知进行研究。把生态环境与公众对生态环境满意度的关系理解为刺激-反应的关系，把心理物理学的信号检测方法应用到生态环境评价中，通过测量公众对生态环境的满意度，得到一个反映生态环境质量的量表，然后将该量表与各生态环境要素之间建立起数学关系。因此，心理物理学的生态环境评价模型可以分为两个部分：一是测量公众生态环境感知满意结果，即生态环境满意度；二是对构成生态环境各要素质量的测量，而这种测量是客观的。基于心理物理学的生态环境评价方法为生态环境公众感知提供了理论依据。

心理物理学方法为公众对生态环境的感知提供了理论方法，但是从获取数据的角度，记录人对生态环境的感受、认知和行为规律，就是理解人类行为和交互规律问题的研究。关于这个问题的研究，就是目前社会感知计算的主要研究内容。从获取数据的角度，生态安全预警研究同样经历了统计回归分析法、模拟分析法、在线行为分析法，这些方法都存在一定的不足之处，普适计算的出现为研究生态安全预警获取数据提供了新的途径和方法，社会感知计算也是在这种应用需求和普适计算推广下得以快速发展。社会感知计算通过大规模多种类传感设备，如普适传感器（RFID、运动传感器、音视频传感器等）、智能手机（GPS、通话记录、短信收发）、结合电子邮件、Web（DBLP、论坛、社交网站、博客、Wiki 等），能够获取关于人类社会行为和交互的大规模、客观、实时、连续、动态的现场数据，为人类行为理解和交互规律认识的研究提供坚实基础（於志文等，2012）。

社会感知计算可以应用在众多社会领域，如社交网络、健康卫生、公共安全、智能交通、城市规划等领域，在生态环境领域也得到了广泛关注。在生态安全预警实施数据感知中，既需要利用现实物理世界部署大规模多种类传感设备（如智能手机、穿戴设备、智能传感设备等）实时感知物理社会情景数据，还需要通过虚拟传感器（如 Facebook、Twitter、微博、微信等）获取社会情景数据，包括人对生态环境的感知、认识、理解、生态幸福满意度等情感数据（李枫林和陈德鑫，2016）。

随着智能手机、平板计算机、可穿戴设备等各种各样的移动便携设备的普及和广泛使用，同时由于生态环境数据采集中数据量大、数据多样性、数据复杂性和数据来源区域广等特点，群智感知具有部署灵活经济、感知数据多源异构、覆盖范围广泛均匀和高扩展多功能等诸多优点，为数据感知提供了一种新的感知环境、收集数据和提供信息服务的模式，在生态环境感知方面得到了重点关注。群智感知是以人为基础感知单位（设备）的感知方式，通过人们已有的移动设备形成感知网络，并将感知任务发布给网络中的个体或群体来完成，从而帮助专业人员或公众收集数据、分析信息和共享知识（吴垚等，2016）。相比一般方式的感知需要提前布置大量的传感器，群智感知采用众包的思想，将任务分配给拥有移动设备的公众，公众分别上传自己使用移动设备的感知数据，充当了传感器的角色，从而节省大量成本。

目前，在生态环境领域，基于社会感知计算机的应用研究方面还需要重点关注的问题：

（1）实时数据感知。基于实时物理传感器和虚拟传感器感知的不同模态数据的语义表示和关联，大规模感知数据的汇聚、融合和存储问题。

（2）人类行为、生态情绪和生态环境质量趋势的大数据分析。通过实施感知的大量数据，分析人类心理在生态环境行为中的作用，分析不同文化背景、不同区域、不同年龄、不同人群对生态环境的敏感度；分析人的情绪和生态环境满意度的相关影响作用；通过多维感知数据预测、预警生态环境安全状态。

（3）群智感知激励机制。作为生态环境安全中感知数据的众多个人，如何通过设计合理的激励方式来激励足够多的环保爱好者（生态自我）参与感知任务，并提高高质可靠的感知数据，也是具体应用中需要解决的关键问题。

（4）安全与隐私保护。在生态环境群智感知中，每个感知体以数字形式存在，隐私保护是个体相互信任的基础，安全规范和信任规范是影响群智感知应用的基础。用户隐私保护、感知数据和云平台的安全性、数据完整性、感知数据质量和效率、资源优化利用的平衡等方面都存在的严峻挑战。

9.4 重点区域生态安全预警管理应用研究

2010 年 12 月，国务院印发了《全国主体功能区规划》，该规划提出构建"两屏三带"为主体的生态安全战略格局。构建以青藏高原生态屏障、黄土高原–川滇生态屏障、东北森林带、北方防沙带和南方丘陵山地带以及大江大河重要水系为骨架，以其他国家重点生态功能区为重要支撑，以点状分布的国家禁止开发区域为重要组成的生态安全战略格局。

在国家生态安全战略部署中要求，青藏高原生态屏障，要重点保护好多样、独特的生态系统，发挥涵养大江大河水源和调节气候的作用；黄土高原–川滇生态屏障，要重点加强水土流失防治和天然植被保护，发挥保障长江、黄河中下游地区生态安全的作用；东北森林带，要重点保护好森林资源和生物多样性，发挥东北平原生态安全屏障的作用；北方防沙带，要重点加强防护林建设、草原保护和防风固沙，对暂不具备治理条件的沙化土地实行封禁保护，发挥"三北"地区生态安全屏障的作用；南方丘陵山地带，要重点加强植被修复和水土流失防治，发挥华南和西南地区生态安全屏障的作用。

目前，生态安全预警理论研究较多，具体应用研究较少，尤其是针对重点区域的面向预警管理的实证研究还比较少。在未来生态安全预警实证研究中，要结合国家提出的"两屏三带"生态安全格局，有针对性地对青藏高原生态屏障、黄土高原–川滇生态屏障、东北森林带、北方防沙带和南方丘陵山地带等重点区域开展生态安全预警研究。同时，结合国家"一带一路"战略部署的实施，要开展"一带一路"生态安全预警研究。针对当前城市雾霾问题、沙化问题、气候变暖等近年生态环境突出问题开展生态安全预警研究，要针对重点区域、重点问题提出针对性、可操作性的政策建议，为区域发展提供理论决策依据。

参 考 文 献

巴克 . 2001 . 大自然如何工作 . 李炜，等译 . 武汉：华中科技大学出版社 .

白彦壮，张保银 . 2006 . 基于复杂系统理论的循环经济研究 . 中国农机化学报，（3）：27-30 .

蔡守秋 . 2001 . 论环境安全问题 . 安全与环境学报，1（5）：28-32 .

蔡守秋 . 2010 . 环境资源法教程 . 北京：高等教育出版社 .

曹传新 . 2004 . 大都市区形成演化机理与调控研究 . 东北师范大学学位论文 .

曹飞 . 2015 . 丝绸之路经济带城市可持续发展能力测度、预警与提升对策 . 西安财经学院学报，
　　（1）：83-88 .

曹金绪，吕贻峰 . 2002 . 磷矿开发环境污染预警系统 . 矿产保护与利用，29（3）：35-36 .

曹琦，陈兴鹏，师满江 . 2012 . 基于 DPSIR 概念的城市水资源安全评价及调控 . 资源科学，34
　　（8）：1591-1599 .

畅明琦 . 2006 . 水资源安全理论与方法研究 . 西安理工大学学位论文 .

陈国阶 . 1996 . 对环境预警的探讨 . 重庆环境科学，18（5）：1-4 .

陈国阶 . 2002 . 论生态安全 . 重庆环境科学，24（3）：1-3 .

陈秋玲 . 2004 . 我国主要流域水体污染评价、预警管理及污染原因探究 . 上海大学学报（自然
　　科学版），10（4）：420-425 .

陈秋玲 . 2013 . 城市经济预警机制 . 北京：经济管理出版社 .

陈星，周成虎 . 2005 . 生态安全：国内外研究综述 . 地理科学进展，24（6）：8-20 .

程漱兰，陈焱 . 1999 . 高度重视国家生态安全战略 . 生态经济，（5）：9-11 .

崔胜辉，洪华生，黄云凤，等 . 2005 . 生态安全研究进展 . 生态学报，25（4）：861-868 .

戴汝为，王珏，田捷 . 1995 . 智能系统的综合集成 . 杭州：浙江科学技术出版社 .

邓正来 . 2004 . 法理学：法律哲学与法律立法 . 北京：中国政法大学出版社 .

刁力，刘西林 . 2007 . 基于蚁群算法的供应链系统脆性研究 . 华东交通大学学报，24（1）：
　　82-84 .

丁同玉 . 2007 . 资源–环境–经济（REE）循环复合系统诊断预警研究 . 河海大学学位论文 .

杜慧滨，顾培亮 . 2005 . 区域发展中的能源–经济–环境复杂系统 . 天津大学学报（社会科学
　　版），7（5）：362-365 .

杜玉华，文军 . 2000 . 论国家环境安全及其对中国的启示 . 世界科技研究与发展，22（6）：
　　102-107 .

杜忠潮 . 1996 . 中国近两千多年来气候变迁的东西分异及对丝绸之路兴衰的影响 . 干旱区地理，
　　（3）：50-57 .

冯玉广，王华东 . 1997 . 区域人口-资源-环境-经济系统可持续发展定量研究 . 中国环境科学，

（5）：402-405.

冯肇瑞 . 1992. 安全系统工程的回顾与展望 . 中国安全科学学报，（3）：8-12.

傅伯杰 . 1991. 区域生态环境预警的原理与方法 . 资源开发与市场，（3）：138-141.

傅伯杰 . 1992. AHP 法在区域生态环境预警中的应用 . 土壤与作物，（1）：5-7.

傅伯杰 . 1993. 区域生态环境预警的理论及其应用 . 应用生态学报，4（4）：436-439.

甘华鸣 . 1995. 事理学纲要 . 第一卷 . 北京：中国科学技术出版社 .

高长波，陈新庚，韦朝海，等 . 2006. 广东省生态安全状态及趋势定量评价 . 生态学报，26（7）：2191-2197.

高春风 . 2004. 生态安全指标体系的建立与应用 . 环境保护科学，30（3）：38-40.

高军，赵黎明 . 2003. 系统方法论研究的现状分析与展望 . 系统科学学报，11（3）：33-36.

高蓉 . 2007. 风险投资预警管理研究 . 武汉理工大学学位论文 .

宫学栋 . 1999. 实现环境安全的重要性及几点建议 . 环境保护，（9）：32-34.

顾基发，高飞 . 1998. 从管理科学角度谈物理–事理–人理系统方法论 . 系统工程理论与实践，18（8）：1-5.

顾基发，唐锡晋，朱正祥 . 2007. 物理–事理–人理系统方法论综述 . 交通运输系统工程与信息，7（6）：51-60.

郭怀成，黄凯，刘永，等 . 2007. 河岸带生态系统管理研究概念框架及其关键问题 . 地理研究，26（4）：789-798.

郭健 . 2004. 突变理论在复杂系统脆性理论研究中的应用 . 哈尔滨工程大学学位论文 .

郭松影，周直，高成卫 . 2007. 水安全风险预警系统研究 . 中国水运（学术版），10：48-50.

郭亚军，郭亚平，吕君英 . 2005. 一般系统的脆性研究 . 自动化技术与应用，24（2）：1-3.

郭中伟 . 2001. 建设国家生态安全预警系统与维护体系：面对严重的生态危机的对策 . 科技导报，（1）：54-56.

郭颖杰，张树深，陈郁 . 2002. 生态系统健康评价研究进展 . 城市环境与城市生态，15（5）：11-13.

韩奇，谢东海，陈秋波 . 2006. 社会经济–水安全 SD 预警模型的构建 . 热带农业科学，26（1）：31-34.

郝东恒，谢军安 . 2005. 关于构建河北省生态安全预警系统的思考 . 当代经济管理，27（1）：59-62.

和春兰，饶辉，赵筱青 . 2010. 中国生态安全评价研究进展 . 云南地理环境研究，22（3）：104-110.

胡鞍钢，马伟，鄢一龙 . 2014. "丝绸之路经济带"：战略内涵、定位和实现路径 . 新疆师范大学学报：哲学社会科学版，（2）：1-10.

胡玉奎 . 1988. 系统动力学：战略与策略实验 . 浙江：浙江人民出版社 .

黄青，任志远 . 2004. 论生态承载力与生态安全 . 干旱区资源与环境，18（2）：11-17.

霍兰 . 2001. 涌现：从混沌到有序 . 陈禹，等译 . 上海：上海科技出版社 .

贾仁安，丁荣华 . 2002. 系统动力学反馈动态性复杂分析 . 北京：高等教育出版社 .

姜逢清，穆桂金，杨德刚，等 . 2002. 绿洲规模扩张的阈限与预警指标体系框架建构 . 干旱区资源与环境, 16（1）：9-14.

金鸿章.2010. 复杂系统的脆性理论及应用. 西安：西北工业大学出版社.

金鸿章, 林德明, 韦琦, 等.2004. 基于复杂系统脆性的传染病扩散脆性研究. 系统工程, 22 （10）：5-8.

金鉴明.2002. 环境领域若干前沿问题的探讨. 自然杂志, 5：249-253.

考夫曼.2003. 宇宙为家. 李绍明, 等译. 长沙：湖南科学技术出版社.

孔红梅, 赵景柱, 姬兰柱, 等.2002. 生态系统健康评价方法初探. 应用生态学报, 13（4）： 486-490.

黎晓亚, 马克明, 傅伯杰, 等.2004. 区域生态安全格局：设计原则与方法. 生态学报, 24 （5）：1055-1062.

李枫林, 陈德鑫.2016. 社会情景感知计算及其关键技术研究. 图书情报工作, 60（9）： 139-146.

李国柱.2007. 经济增长与环境协调发展的计量分析. 北京：中国经济出版社.

李华生, 徐瑞祥, 高中贵.2005. 南京城市人居环境质量预警研究. 经济地理, 25（5）： 658-661.

李辉, 魏德洲.2003. 环境影响评价的新领域：生态安全评价. 安全与环境学报, 3（5）：68-70.

李辉, 魏德洲, 姜若婷.2004. 生态安全评价系统及工作程序. 中国安全科学学报, 14（4）： 43-46.

李琦, 金鸿章, 林德明.2005. 复杂系统的脆性模型及分析方法. 系统工程, 23（1）：9-12.

李如忠.2007. 基于不确定信息的城市水源水环境健康风险评价. 水利学报, 38（8）：895-900.

李泽红, 王卷乐, 赵中, 等.2014. 丝绸之路经济带生态环境格局与生态文明建设模式. 资源科 学, 36（12）：2476-2482.

李子奈.2002. 高等计量经济学. 北京：高等教育出版社.

李万莲. 2008. 我国生态安全预警研究进展. 安全与环境工程, 15（3）：78-81.

梁吉义.2002. 论区域经济系统与发展整体观. 系统科学学报, 10（1）：41-44.

林德明.2007. 适应性 Agent 图及其在复杂系统脆性分析中的应用. 哈尔滨工程大学学位论文.

林德明, 金鸿章, 靳相伟.2005. 基于元胞自动机的复杂系统脆性仿真. 系统工程学报, 20 （2）：167-171.

林逢春, 王华东.1995. 区域 PERE 系统的通用自组织演化模型. 环境科学学报, 32（4）： 488-496.

刘春生.2002. 水利可持续发展战略规划研究. 河海大学学位论文.

刘红, 王慧, 张兴卫.2006. 生态安全评价研究述评. 生态学杂志, 25（1）：74-78.

刘普幸, 李筱琳.2004. 层次分析法在生态预警中的应用：以酒泉绿洲为例. 干旱区资源与环 境, 18（5）：15-18.

刘邵权, 陈国阶, 陈治谏.2001. 农村聚落生态环境预警：以万州区茨竹乡茨竹五组为例. 生态 学报, 21（2）：295-301.

刘邵权, 陈国阶, 陈治谏.2002. 三峡库区山地生态系统预警. 山地学报, 20（3）：302-306.

刘树枫, 袁海林.2001. 环境预警系统的层次分析模型. 陕西师范大学学报（自然科学版），

S1：132-135.

刘婷，陈红兵. 2002. 生态心理学研究述评. 东北大学学报（社会科学版），4（2）：83-85.

刘小茜，王仰麟，彭建. 2009. 人地耦合系统脆弱性研究进展. 地球科学进展，24（8）：917-927.

刘钟龄，朱宗元，郝敦元. 2002. 黑河流域地域系统的下游绿洲带资源-环境安全. 自然资源学报，17（3）：286-293.

刘助仁. 2008. 公共安全的重要领域：生态环境安全. 唯实，（10）：43-48.

吕胜利. 2008. 资源、环境与经济社会协调发展的模拟研究. 北京：中国环境科学出版社.

马尔特比，等. 2003. 生态系统管理：科学与社会问题. 康乐，韩兴国，等译. 北京：科学出版社.

马继辉，任锦鸾，吕永波，等. 2007. 基于 WSR 的国有高新技术企业安全分析模型. 中国安全科学学报，17（3）：45-49.

马克明，傅伯杰，黎晓亚，等. 2004. 区域生态安全格局：概念与理论基础. 生态学报，24（4）：761-768.

马克明，孔红梅，关文彬，等. 2001. 生态系统健康评价：方法与方向. 生态学报，21（12）：2106-2116.

马莉莉，王瑞，张亚斌. 2014. 丝绸之路经济带的发展与合作机制研究. 人文杂志，（5）：38-44.

马世骏，王如松. 1984. 社会-经济-自然复合生态系统. 生态学报，27（1）：1-9.

马燕. 2006. 我国自然保护区立法现状及存在的问题. 环境保护，（21）：42-47.

莫兰. 2001. 复杂的思想：自觉的科学. 陈一壮译. 北京：北京大学出版社.

慕庆国. 2003. 对煤炭企业安全管理的思考. 中国煤炭，29（3）：53-55.

倪永明. 2002. 县域生态环境质量评价的理论和方法：以陕西省米脂县为例. 西北大学学位论文.

潘雪婷. 2010. 基于 Python 的控件分析模型的实现. 中国地质大学（北京）学位论文.

钱江，杨伟. 2001. 江苏省突发性环境污染事故应急监测支持系统建设框架. 环境监测管理与技术，13（5）：1-3.

钱学森，于景元，戴汝为. 1990. 一个科学新领域：开放的复杂巨系统及其方法论. 中国系统工程学会第六次年会：526-532.

钱学森，许国志，王寿云. 2011. 组织管理的技术：系统工程. 上海理工大学学报，33（6）：520-525.

钱正英，张光斗. 2001. 中国可持续发展水资源战略研究综合报告及各专题报告. 北京：中国水利水电出版社.

仇蕾. 2006. 基于免疫机理的流域生态系统健康诊断预警研究. 河海大学学位论文.

曲格平. 2002. 关注生态安全之一：生态环境问题已经成为国家安全的热门话题. 环境保护，5：3-5.

任海，邬建国，彭少麟，等. 2000. 生态系统管理的概念及其要素. 应用生态学报，11（3）：455-458.

荣盘祥. 2006. 复杂系统脆性理论及其理论框架的研究. 哈尔滨工程大学学位论文.

荣盘祥, 金鸿章, 韦琦, 等. 2005. 基于脆性联系熵的复杂系统特性的研究. 电机与控制学报, 9 (2): 111-115.

邵东国, 李元红, 王忠静, 等. 1999. 基于神经网络的干旱内陆河流域生态环境预警方法研究. 中国农村水利水电, (6): 10-12.

申蕾. 2014. 丝绸之路经济带建设的内涵与外延分析. 经济研究导刊, (33): 3-5.

沈静, 陈振楼, 王军, 等. 2007. 上海市崇明主要城镇生态环境安全预警初探. 城市环境与城市生态, (2): 8-12.

石明奎, 彭昱, 李恩东. 2005. 珠江上游少数民族农业区域生态安全预警研究: 贵州境内 22 县实证分析. 中国人口: 资源与环境, 15 (6): 50-54.

宋健. 1981. 事理系统工程: 系统工程论文集. 北京: 科学出版社.

孙庆荣, 韩传峰, 陈建业. 2005. 基于 fahp 的黄河中下游灾害系统脆性评价. 自然灾害学报, 14 (3): 104-109.

孙忠林. 2009. 煤矿安全生产预测模型的研究. 山东科技大学学位论文.

孙壮志. 2014. "丝绸之路经济带": 打造区域合作新模式. 中国投资, (11): 36-41.

汤泽生, 苏智先. 2002. 发展生物技术 重视生态安全. 西华师范大学学报 (自然科学版), 23 (3): 292-295.

田慧颖, 陈利顶, 吕一河, 等. 2006. 生态系统管理的多目标体系和方法. 生态学杂志, 25 (9): 1147-1152.

汪慧玲, 朱震. 2016. 我国生态安全影响因素的实证研究. 干旱区资源与环境, 30 (6): 1-5.

王朝科. 2003. 建立生态安全评价指标体系的几个理论问题. 统计研究, (9): 17-20.

王初. 2007. 公路路域生态环境安全评价与预警研究. 华东师范大学学位论文.

王根绪, 程国栋, 钱鞠. 2003. 生态安全评价研究中的若干问题. 应用生态学报, 14 (9): 1551-1556.

王耕. 2007. 基于隐患因素的生态安全机理与评价方法研究. 大连理工大学学位论文.

王耕, 吴伟. 2006. 区域生态安全机理与扰动因素评价指标体系研究. 中国安全科学学报, 16 (5): 11-15.

王耕, 王利, 吴伟. 2007. 区域生态安全概念及评价体系的再认识. 生态学报, 27 (4): 1627-1637.

王礼茂. 2002. 资源安全的影响因素与评估指标. 自然资源学报, 17 (4): 401-408.

王立国. 2005. 生态环境安全研究. 华中师范大学学位论文.

王龙. 1995. 山西煤炭开发与生态环境预警初探. 生态经济, (5): 32-36.

王鲁彬, 翟景春, 崔旭涛. 2008. 基于层次分析法的网络安全系统脆性分析. 现代计算机, (6): 50-52.

王鸣远, 杨素堂. 2005. 中国荒漠化防治与综合生态系统管理. 西北林学院学报, 20 (2): 1-6.

王其藩. 1985. 系统动力学. 北京: 清华大学出版社.

王其藩. 1994. 系统动力学 (修订版). 北京: 清华大学出版社.

王如松. 2003. 资源、环境与产业转型的复合生态管理. 系统工程理论与实践, 23 (2):

125-132.

王勋陵.1999.我国境内丝绸之路生态环境的变化.西北大学学报:自然科学版,29（3）:
　　250-254.

王永平,孟卫东.2004.王永平供应链企业合作竞争机制的演化博弈分析.管理工程学报,18
　　（2）:96-98.

王之佳.1989.我们共同的未来.北京:世界知识出版社.

韦琦.2004.复杂系统脆性理论及其在危机分析中的应用.哈尔滨工程大学学位论文.

韦琦,金鸿章,郭健,等.2004.基于脆性的复杂系统研究.系统工程学报,19（3）:326-328.

韦琦,金鸿章,姚绪梁,等.2003.基于脆性的复杂系统崩溃的初探.哈尔滨工程大学学报,24
　　（2）:161-165.

文传浩,彭昱.2008.珠江上游少数民族县域生态环境变迁及其安全预警研究:以关岭布依族
　　苗族自治县为个案.贵州民族研究,28（1）:107-112.

文传甲.1997.三峡库区大农业的自然环境现状与预警分析.长江流域资源与环境,6（4）:
　　340-345.

吴红梅.2006.复杂系统脆性理论及在煤矿事故系统中的应用.哈尔滨工程大学学位论文.

吴红梅,金鸿章,林德明,等.2008.复杂系统脆性理论的风险分析.系统工程与电子技术,30
　　（10）:2019-2022.

吴建平.2009.生态心理学探讨.北京林业大学学报（社会科学版）,8（3）:37-41.

吴建平.2011.生态自我:人与环境的心理学探索.北京:中央编译出版社.

吴舜泽,王金南.2006.国家环境安全评估报告.北京:中国环境科学出版社.

吴延熊,周国模,郭仁鉴.1999.区域森林资源可持续发展的预警分析.浙江农林大学学报,
　　（1）:55-60.

吴垚,曾菊儒,彭辉,等.2016.群智感知激励机制研究综述.软件学报,（8）:2025-2047.

吴跃明,郎东锋,张子珩,等.1996.环境-经济系统协调度模型及其指标体系.中国人口·资
　　源与环境,2:51-54.

武兰芳,欧阳竹.2005.农牧结合生态系统管理的动力学机制.土壤与作物,21（2）:88-92.

肖笃宁,陈文波,郭福良.2002.论生态安全的基本概念和研究内容.应用生态学报,13（3）:
　　354-358.

谢钦铭,朱清泉.2008.区域水环境生态安全的预警系统构建初探.江西科学,26（1）:37-42.

谢花林,李波.2004.城市生态安全评价指标体系与评价方法研究.北京师范大学学报自然科
　　学版,40（5）:705-710.

解雪峰,吴涛,肖翠.2014.基于 PSR 模型的东阳江流域生态安全评价.资源科学,36（8）:
　　1702-1711.

解振华.2005.国家环境安全战略报告.北京:中国环境科学出版社.

熊继宁.2006.关于建立综合集成立法决策支持系统的设想.系统工程理论与实践,26（2）:
　　108-117.

徐强.2001.区域环境经济与预警.北京:中国环境科学出版社.

许国志.1981.论事理.系统工程论文集.北京:科学出版社.

许学工.1996.黄河三角洲生态环境的评估和预警研究.生态学报,(5):461-468.

薛惠锋.2006.现代系统工程导论.北京:国防工业出版社.

薛惠锋,张强.2009.中国环境资源立法的现状、问题与发展趋势.环境资源法论丛,1:1.

薛惠锋,张强,李玮.2009.世界、历史双重背景下的中国环境资源立法.绿叶,(7):110-120.

闫德胜.2014.现代系统科学的生态解读.沈阳:沈阳工业大学.

闫丽梅,金鸿章,付光杰,等.2004.复杂系统崩溃机理初探.东北石油大学学报,28(5):68-70.

严良,向继业,张春梅.2007.矿区可持续发展能力建设中生态环境管理研究.环境科学与管理,32(7):156-160.

阳富强,吴超,覃好月.2009.安全系统工程学的方法论研究.中国安全科学学报,19(8):10-20.

杨国华,周永章,郑奔.2006.区域复合生态系统分析及其可持续发展对策.云南地理环境研究,18(6):26-29.

杨士弘.2003.城市生态环境学.北京:科学出版社.

叶文虎,孔青春.2001.环境安全:21世纪人类面临的根本问题.中国人口资源与环境,11(3):42-44.

易余胤,刘汉民.2005.经济研究中的演化博弈理论.商业经济与管理,(8):8-13.

尹豪,方子节.2000.可持续发展预警的指标构建和预警方法.农业现代化研究,21(6):332-336.

於琍,曹明奎,李克让.2005.全球气候变化背景下生态系统的脆弱性评价.地理科学进展,24(1):61-69.

於志文,於志勇,周兴社.2012.社会感知计算:概念、问题及其研究进展.计算机学报,35(1):16-26.

于贵瑞,谢高地,于振良,等.2002.我国区域尺度生态系统管理中的几个重要生态学命题.应用生态学报,13(7):885-891.

曾嵘,魏一鸣,范英,等.2000.人口、资源、环境与经济协调发展系统分析.系统工程理论与实践,20(12):1-6.

湛垦华,沈小峰.1998.普利高津与耗散结构理论:前沿与交叉科学.陕西:陕西科学技术出版社.

张彩江,孙东川.2001.WSR方法论的一些概念和认识.系统工程,19(6):1-8.

张大任.1991.洞庭湖生态环境预警.地理与地理信息科学,(2):42-44.

张江,应俊,王琼,等.2004.基于FAHP的电力变压器系统的脆性分析.自动化技术与应用,23(7):9-12.

张雷.2002.中国国家资源环境安全的国际比较分析.中国软科学,(8):26-30.

张强,薛惠锋,刘雪艳.2009.自然保护区立法中部门合作的演化博弈分析.系统工程(9):91-95.

张强,薛惠锋,张明军,等.2010.基于可拓分析的区域生态安全预警模型及应用.生态学报,

参 考 文 献 標題

30（16）：4277-4286.

张炜熙．2006. 区域发展脆弱性研究与评估．天津大学学位论文．

张锡纯．1997. 工程事理学发凡．北京：北京航空航天大学出版社．

张妍，尚金城．2002. 长春经济技术开发区环境风险预警系统．重庆环境科学，24（4）：22-24.

张勇．2005. 环境安全论．北京：中国环境科学出版社．

张勇，叶文虎．2006. 国内外环境安全研究进展述评．中国人口：资源与环境，16（3）：
130-134.

张之焕，刘光霞，苏连义．1990. 控制论、信息论、系统论与现代管理．北京：北京出版社．

张志霞，陆秋琴，邵必林．2006. 矿井通风安全系统的脆性关联分析．金属矿山，（6）：68-71.

赵军，胡秀芳．2004. 区域生态安全与构筑我国 21 世纪国家安全体系的策略．干旱区资源与环
境，18（2）：1-4.

赵卫亚，彭寿康，朱晋．2008. 计量经济学（高等院校精品课程系列教材）．北京：机械工业出
版社．

赵雪雁．2004. 西北干旱区城市化进程中的生态预警初探．干旱区资源与环境，18（6）：1-5.

钟茂华，陈宝智．1998. 突变理论在矿山安全中的应用．中国安全科学学报，（1）：69-72.

朱建军．2009. 生态环境心理研究．北京：中央编译出版社．

邹长新．2003. 内陆河流域生态安全研究：以黑河为例．南京气象学院学位论文．

邹长新，沈渭寿．2003. 生态安全研究进展．生态与农村环境学报，19（1）：56-59.

左伟，王桥，王文杰，等．2002. 区域生态安全评价指标与标准研究．地理与地理信息科学，18
（1）：67-71.

Adger W N, Kelly P M. 1999. Social vulnerability to climate change and the architecture of entitle-ments. Mitigation andAdaptation Strategies for Global Change, 4（3）：253-266.

Agee J K, Johnson D R. 1988. Ecosystem management for parks and wilderness. Seattle：University of Washington Press.

Alcamo J, Endejan M B, Kaspar F, et al. 2001. The glass model：A strategy for quantifying global en-vironmental security. Environmental Science & Policy, 4（4）：1-12.

Allenby B R. 2000. Environmental security：Concept and implementation. International Political Science Review, 21（21）：5-21.

Berberoglu S. 2003. Sustainable management for the eastern Mediterranean coast of Turkey. Environmental Management, 31：0442-0451.

Bogardi J J. 2004. Hazards, risks and vulnerabilities in a changing environment：The unexpected onslaught on human security? Global Environmental Change, 14（4）：361-365.

Boyce M S, Haney A W. 1997. Ecosystem Management ：Applications for Sustainable Forest and Wildlife Resources. London ：Yale University Press.

Brown L R. 1977. Redefining national security. Worldwatch Paper, 14：40-41.

Brussard P F, Reed J M. 1998. Ecosystem management：What is it really. Landscape & Urban Planning, 40（1）：9-20.

Cassen R H. 1987. Our common future：Report of the world commission on environment and develop-

| 203 |

ment. International Affairs, 64 (1): 126.

Conca K. 1998. The environmental-security trap. Dissent, summer : 40-45.

Costanza R, D'Arge R, Groot R D. 1999. The value of the world's ecosystem services and natural capital. World Environment, 387 (15): 253-260.

Cowan G A, Pines D, Meltzer D. 1994. Complexity. Metaphors, models, and reality. Boulder: Westview Press.

Crucitti P, Latora V, Marchiori M. 2004. Model for cascading failures in complex networks. Physical Review E Statistical Nonlinear & Soft Matter Physics, 69 (2): 266-289.

Daniel T C, Vining J. 1983. Methodological Issues in the Assessment of Landscape Quality. Behavior and the Natural Environment. Springer US.

Derian J D. 1988. National Security Strategy of The United States of America. National security strategy of the United States. Pergamon-Brassey's International Defense Publishers.

Downing T E, Patwardhan A. 2002. Vulnerability assessment for climate adaptation. Start Org.

Dupont A. 1998. AdelphiPaper 319: The Environment and Security in Pacific Asia. New York: Oxford University Press.

Eiswerth M E, Haney J C. 2001. Maximizing conserved biodiversity: Why ecosystem indicators and thresholds matter. Ecological Economics, 38 (2): 259-274.

Engle R F, Granger C W J. 1987. Co-integration and error correction: Representation, estimation, and testing. Econometrica, 55 (2): 251-276.

Engle R F, Yoo B S. 1987. Forecasting and testing in co-integrated systems. Journal of Econometrics, 35 (1): 143-159.

Ezeonu I C, Ezeonu F C. 2000. The environment and global security. Environment Systems and Decisions, 20 (1): 41-48.

Flood R L, Jackson M C. 1991. Critical Systems Thinking: Directed Readings. Chichester: Wiley: 4-15.

Forster R P, Hong S K. 2001. The human error rate assessment and optimizing system heros: A new procedure for evaluating and optimizing the man-machine interface in PSA. Reliability Engineering&System Safety, 72 (2): 153-164.

Fouad A A, Zhou Q, Vittal, V. 1994. System vulnerability as a concept to assess power system dynamic security. IEEE Transactions on Power Systems, 9 (2): 1009-1015.

Friedman D. 1991. Evolutionary games in economics. Econometrica, 59 (3): 637-666.

Gentile J H, Harwell M A. 2001. Ecological conceptual models: A framework and case study on ecosystem management for south florida sustainability. Science of the Total Environment, 274 (1-3): 231-253.

Glinskiy V V, Serga L K, Khvan M S. 2015. Environmental safety of the region: New approach to assessment. Procedia Cirp, (26): 30-34.

Granger C W J. 1981. Some properties of time series data and their use in econometric model specification. Journal of Econometrics, 16 (1): 121-130.

Haeuber R. 1998. Ecosystem management and environmental policy in the united states: Open window or closed door. Landscape & Urban Planning, 40 (1-3): 221-233.

Haken H. 1983. Synergetics: An Introduction. Berlin-New York: Springer-Verlag.

Homer-Dixon T F. 1999. Environment, Scarcity and Violence. Princeton: Princeton University Press.

Homer-Dixon T F, Blitt J. 1998. Ecoviolence: Links among environment, population and security. New York: Rowman & Littlefield Publishers.

Jackson M C. 1982. The Nature of "Soft" System Thinking: The Work of Churchman, Ackoff and Checkland. J Appl Syst Anal, 9: 17-29.

Kinney R, Albert R. 2005. Modeling cascading failures in the north american power grid. The European Physical Journal B, 46 (1): 101-107.

Koop G, Pesaran M H, Potter S M. 1996. Impulse response analysis in nonlinear multivariate models. Journal of Econometrics, 74 (1): 119-147.

Kutseh W L, et al. 2001. Environmental indication: A field test of an ecosystem approach to quantify biological self-organization. Ecosystems, (4): 49-66.

Lackey R T. 1998. Seven pillars of ecosystem management 1. Landscape & Urban Planning, 40: 21-30.

Lee D S, Goh K, Kahng B, et al. 2004. Sandpile avalanche dynamics on scale-free networks. Physica A Statistical Mechanics & Its Applications, 338 (1): 84-91.

Litfin K T. 1999. Constructing environmental security and ecological interdependence. Global Governance, 5 (3): 359-377.

Lowi M R, Shaw B R. 2000. Environment and security: Discourses and practices. ST. Martin's Press.

Malone C R. 2000. Ecosystem management policies in state government of the usa. Landscape & Urban Planning, 48 (1-2): 57-64.

McLaughlin P, Dietz T. 2008. Structure, agency and environment: Toward an integrated perspective on vulnerability. Global Environmental Change, 18 (1): 99-111.

Mcnelis D N, Schweitzer G E. 2001. Environmental security: An evolving concept. Environmental Science & Technology, 35 (5): 108A-113A.

Midgley G. 1997. Developing the methodology of tsi: From the oblique use of methods to creative design. Systemic Practice and Action Research, 10 (3): 305-319.

Morgenstern O. 2007. Theory of games and economic behavior. 60th-Anniversary Edition. Princeton: Princeton University Press.

Nash J F. 1950. Equilibrium points in n-person games. Proceedings of the National Academy of Sciences of the United States of America, 36 (1): 48-49.

Ney S. 1999. Environmental security: A critical overview. Innovation the European Journal of Social Science Research, 12 (1): 7-30.

Olmos S. 2001. Vulnerability and adaptation to climate change. Wiley Interdisciplinary Reviews Climate Change, 6 (3): 321-344.

Porfiriev B N. 1992. The environmental dimension of national security: A test of systems analysis methods. Environmental Management, 16 (6): 735-742.

Porter G. 1995. Environmental security as a national security issue. Current History, 5: 218-222.

Qi W, Jin H, Jian G, et al. 2003. Study on complex system based on the brittleness. Conference on Systems, Man and Cybernetics.

Reid W. 2002. The state of the planet. Nature, 417: 112-113.

Rogers R A. 2000. Are environmentalists hysterical or paranoid? Metaphors of care and "environmental security". Ethics & the Environment, 5 (2): 211-227.

Roszak T. 2001. The voice of the earth: An exploration of ecopsychology. Grand Rapids: Phanes Press.

Schneider E D, Kay J J. 1994. Life as a manifestation of the second law of thermodynamics. Mathematical & Computer Modelling An International Journal, 19 (6-8): 25-48.

Simon H A. 1969. The sciences of artificial. Emotion Review, 4 (1): 266-268.

Swart R. 1996. Security risks of global environmental changes. Global Environmental Change, 6 (3): 187-192.

Timmerman P. 1981. Vulnerability. Resilience and the Collapse of Society: A review of models and possible climatic applications. vol 1. Environmental Monograph. Institute for Environmental Studies.

Ulrich U. 1983. Critical Heuristics of Social Planning: A New Approach to Practical Philosophy. Bern: Haupt: 57-116.

UN/ISDR. 2002. Living with risk: A global review of disaster reduction initiatives. Bmc Public Health, 7 (4): 336-342.

Warfield J N. 1999. Twenty laws of complexity: Science applicable in organizations (pages 3-40). Systems Research and Behavioral Science, 16 (1): 3-40.

Weibull J W. 1997. Evolutionary Game Theory. Cambridge: MIT Press.

Westing A H. 1991. Environmental security and its relation to ethiopia and sudan. European Journal of Microbiology &Immunology, 4 (3): 166-173.

Xu J, Wang X F. 2005. Cascading failures in scale-free coupled map lattices. Physica A, 349: 685-692.